全国地层多重划分对比研究

(64)

宁夏回族自治区岩石地层

主　编:顾其昌
编　者:顾其昌　沈玉玲　范晋安
陈金荣　刘国云
技术指导:潘行适　王世环　刘时雨

中国地质大学出版社

内容简介

本书以当代地层多重划分对比理论为基础，对宁夏自本世纪20年代以来的地层资料进行了系统的清理与研究，重新确立了宁夏中、晚元古代—第三纪岩石地层序列，对各岩石地层单位的创名及原始定义、现在定义、层型、地质特征及区域变化等作了详尽客观的描述。在此基础上对年代地层单位的划分、生物组合特征及其有关问题进行研讨，最后以活动论观点扼要地总结了宁夏岩石地层单位的时空分布规律。为便于读者查询、检索宁夏地层资料，书后还介绍了宁夏地层数据库内容和功能。

本书对今后开展区域地质填图、地质勘查工作具有一定的规范性和指导意义，同时可供有关专业的生产、科研人员和大专院校师生参考。

图书在版编目(CIP)数据

宁夏回族自治区岩石地层/顾其昌主编．—武汉：中国地质大学出版社，1996.4(2008.7重印)
(全国地层多重划分对比研究；64)
ISBN 978-7-5625-1106-9

Ⅰ．宁…
Ⅱ．顾…
Ⅲ．地层学—宁夏
Ⅳ．P535.243

中国版本图书馆CIP数据核字(2008)第062439号

宁夏回族自治区岩石地层　　顾其昌　主　编

责任编辑：刘粤湘　　责任校对：吴巧生

出版发行：中国地质大学出版社(武汉市洪山区鲁磨路388号)　　邮编：430074
电话：(027)67883511　　传真：67883580　　E-mail：cbb @ cug. edu. cn
经　销：全国新华书店　　http://www. cugp. cn

开本：787毫米×1092毫米　1/16　　字数：230千字　印张：9　插页1
版次：1996年4月第1版　　印次：2008年7月第2次印刷
印刷：武汉教文印刷厂　　印数：551—1050册

ISBN 978-7-5625-1106-9　　定价：27.00元

序

100 多年来，地层学始终是地质学的重要基础学科的支柱，甚至还可以说是基础中的基础，它为近代地质学的建立和发展发挥了十分重要的作用。随着板块构造学说的提出和发展，地质科学正经历着一场深刻的变革，古老的地层学和其他分支学科一样还面临着满足社会不断进步与发展的物质需要和解决人类的重大环境问题等双重任务的挑战。为了迎接这一挑战，依靠现代科技进步及各学科之间相互渗透，地层学的研究范围将不断扩大，研究途径更为宽广，研究方法日趋多样化，并萌发出许多新的思路和学术思想，产生出许多分支学科，如生态地层学、磁性地层学、地震地层学、化学地层学、定量地层学、事件地层学、化学地层学、气候地层学、构造地层学和月球地层学等等，它们的综合又导致了“综合地层学”和“全球地层学”概念的提出。所有这一切，标志着地层学研究向高度综合化方向发展。

我国的地层学和与其密切相关的古生物学早在本世纪前期的创立阶段，就涌现出一批杰出的地层古生物学家和先驱，他们的研究成果奠定了我国地层学的基础。但是大规模的进展，还是从 1949 年以后，尤其是随着全国中小比例尺区域地质调查的有计划开展，以及若干重大科学计划的执行而发展起来的。正像我国著名的地质学家尹赞勋先生在第一届全国地层会议上所讲：“区域地质调查成果的最大受益者就是地层古生物学。”1959 年召开的中国第一届全国地层会议，总结了建国十年来所获的新资料，制定了中国第一份地层规范（草案），标志着我国地层学和地层工作进入了一个新的阶段。过了 20 年，地层学在国内的发展经历了几乎十年停滞以后，于 1979 年召开了中国第二届全国地层会议，会议在某种程度上吸收学习了国际地层学研究的新成果，还讨论制定了《中国地层指南及中国地层指南说明书》，为推动地层学在中国的发展，缩小同国际地层学研究水平的差距奠定了良好基础。这次会议以后所进行的一系列工作，包括应用地层单位的多重性概念所进行的地层划分对比研究、区域地层格架及地层模型的研究，现代地层学与沉积学相结合所进行的盆地分析以及1：5万区域地质填图方法的改进与完善等，都成为我国地层学进一步发展的强大推动力。为此，地质矿产部组织了一项“全国地层多重划分对比研究（清理）”的系统工程，在 30 个省、直辖市、自治区（含台湾省，不含上海市）范围内，自下而上由省（市、区）、大区和全国设立三个层次的课题，在现代地层学和沉积学理论指导下，对以往所建立的地层单位进行研究（清理），追溯地层单位创名的沿革，重新厘定单位含义、层型类型与特征、区域延伸与对比，消除同物异名，查清同名异物，在大范围内建立若干断代岩石地层单位的时空格架、编制符合现代地层学含义的新一代区域地层序列表，并与地层多重划分对比研究工作同步开展了省（市、区）和全国两级地层数据库的研建，对巩固地层多重划分对比研究（清理）成果，为地层学的科学化、系统化和现代化发展打下了良好基础。这项研究工作在部、省（市、区）各级领导的支持关怀下，全体研究人员经过5年的艰苦努力已圆满地完成了任务，高兴地看到许多成果已陆续要出版了。这项工作涉及的范围之广、参加的单位及人员之多、文件的时间跨度之长，以及现代科学理论与计算机技术的应用等各方面，都可以说是在我国地层学工作不断发展中具有里程碑意义的。这项研究中不同层次成果的出版问世，不仅对区域地质调查、地质图件的编测、区域矿产普查与勘查、地质科研和教学等方面都具有现实的指导作用和实用价值，而且对我国地层学的发展和科学化、系统化将起到积极的促进作用。

首次组织实施这样一项规模空前的全国性的研究工作，尽管全体参与人员付出了极大的辛勤劳动，全国项目办和各大区办进行了大量卓有成效和细致的组织协调工作，取得了巨大的成绩，但由于种种原因，难免会有疏漏甚至失误之处。即使这样，该系列研究是认识地层学真理长河中的一个相对真理的阶段，其成果仍不失其宝贵的科学意义和巨大的实用价值。我相信经过广大地质工作者的使用与检验，在修订再版时，其内容将会更加完美。在此祝贺这一系列地层研究成果的公开出版，它必将发挥出巨大社会经济效益，为地质科学的发展做出新的贡献。

程裕淇

前　言

地层学在地质科学中是一门奠基性的基础学科，是基础地质的基础。自从19世纪初由W史密斯奠定的基本原理和方法以来的一个半世纪中，地层学是地质科学中最活跃的一个分支学科，对现代地质学的建立和发展产生了深刻的影响，作出了不可磨灭的贡献，特别是在20世纪60年代由于板块构造学说兴起引发的一场“地学革命”，其表现更为显著。随着板块构造学的确立，沉积学和古生态学的发展，地球历史和生物演化中的灾变论思想的复兴和地质事件概念的建立，使地层学的分支学科，如时间地层学、生态地层学、地震地层学、同位素地层学、气候地层学、磁性地层学、定量地层学和构造地层学等像雨后春笋般地蓬勃发展，这种情况必然对地层学、生物地层和沉积地层等的传统理论认识和方法提出了严峻的挑战。经过20年的论战，充分体现当代国际地质科学先进思想的《国际地层指南》（英文版）于1976年见诸于世，之后在不到20年的时间里又于1979、1987、1993年连续三次进行了修改补充，陆续补充了《磁性地层极性单位》、《不整合界限地层单位》，以及把岩浆岩与变质岩等作为广义地层学范畴纳入地层指南而又补充编写了《火成岩和变质岩岩体的地层划分与命名》等内容。

国际地层学上述重大变革，对我国地学界产生了强烈冲击，十年动乱形成的政治禁锢被打开，迎来了科学的春天，先进的科学思潮像潮水般涌来，于是在1980年第二届全国地层工作会议上通过并公开出版了《中国地层指南及中国地层指南说明书》，阐述了地层多重划分概念。于1983年按地层多重划分概念和岩石地层单位填图在安徽区调队进行了首次试点。1985年《贵州省区域地质志》中地层部分吸取了地层多重划分概念进行撰写。1986年地质矿产部设立了“七五”重点科技攻关项目——“1∶5万区调中填图方法研究项目”，把以岩石地层单位填图，多重地层划分对比，识别基本地层层序等现代地层学和现代沉积学相结合的内容列为沉积岩区区调填图方法研究课题，从此拉开了新一轮1∶5万区调填图的序幕，由试点的贵州、安徽和陕西三省逐步推向全国。

1∶5万区调填图方法研究试点中遇到的最大问题是如何按照现代地层学的理论和方法来对待与处理按传统理论和方法所建立的地层单位？如果维持长期沿用的按传统理论建立的地层单位，虽然很省事，但是又如何体现现代地层学和现代沉积学相结合的理论与方法呢？这样就谈不上紧跟世界潮流，迎接这一场由板块构造学说兴起所带来的“地学革命”。如果要坚持这一技术领域的革命性变革，就要下决心花费很大力气克服人力、财力和技术性等方面的重重困难，对长期沿用的不规范化的地层单位进行彻底的清理。经过反复研究比较，我们认识到科学技术的变革也和社会经济改革的潮流一样是不可逆转的，只有坚持改革才能前进，不进则退，否则就将被历史所淘汰，别无选择。在这一关键时刻，地质矿产部和原地矿部直管局领导作出了正确决策，从1991年开始，从地勘经费中设立一项重大基础地质研究项目——全国地层多重划分对比研究项目，简称全国地层清理项目，开始了一场地层学改革的系统工程，在全国范围内由下而上地按照现代地层学的理论和方法对原有的地层单位重新明确其定义、划分对比标准、延伸范围及各类地层单位的相互关系，与此同时研建全国地层数据库，巩固地层清理成果，推动我国地层学研究和地层单位管理的规范化和现代化，指导当前和今后一个时期1∶5万、1∶25万等区调填图等，提高我国地层学研究水平。1991年地质矿产部原直管局将地层清理作为部指令性任务以地直发(1991)005号文和1992年以地直发(1992)014号文下发了《地矿部全国地层多重划分对比（清理）研究项目第一次工作会议纪要》，明确了各省（市、自治区）地质矿产局（厅）清理研究任务，并于1993年2月补办了专项地勘科技项目合同（编号直科专92-1)，并明确这一任务分别设立部、大区和省（市、自治区）三级领导小组，实行三级管理。

部级成立全国项目领导小组

组长	李廷栋	地质矿产部副总工程师
副组长	叶天竺	地质矿产部原直管局副局长
	赵　逊	中国地质科学院副院长

成立全国地层清理项目办公室，受领导小组委托对全国地层清理工作进行技术业务指导和协调以及经常性业务组织管理工作，并设立在中国地质科学院区域地质调查处（简称区调处)。

项目办公室主任	陈克强	区调处处长，教授级高级工程师
副主任	高振家	区调处总工，教授级高级工程师
	简人初	区调处高级工程师
专家	张守信	中国科学院地质研究所研究员
	魏家庸	贵州省地质矿产局区调院教授级高级工程师
成员	姜　义	区调处工程师
	李　忠	会计师
	周统顺	中国地质科学院地质研究所研究员

大区一级成立大区领导小组，由大区内各省（市、自治区）局级领导成员和地科院沈阳、天津、西安、宜昌、成都、南京六个地质矿产研究所各推荐一名专家组成。领导小组对本大区地层清理工作进行组织、指导、协调、仲裁并承担研究的职责。下设大区办公室，负责大区地层清理的技术业务指导和经常性业务技术管理工作。在全国项目办直接领导下，成立全国地层数据库研建小组，由福建区调队和部区调处承担，负责全国和省（市、自治区）二级地层数据库软件开发研制。

各省（市、自治区）成立省级领导小组，以省（市、自治区）局总工或副总工为组长，有区调主管及有关处室负责人组成，在专业区调队（所、院）等单位成立地层清理小组，具体负责地层清理工作，同时成立省级地层数据库录入小组，按照全国地层数据库研建小组研制的软件及时将本省清理的成果进行数据录入，并检验软件运行情况，及时反馈意见，不断改进和优化软件。在全国地层清理的三个级次的项目中，省级项目是基础，因此要求各省（市、自治区）地层清理工作必须实行室内清理与野外核查相结合，清理工作与区调填图相结合，清理与研究相结合，地层清理与地层数据库建立相结合，“生产”单位与科研教学单位相结合，并强调地层清理人员要用现代地层学和现代沉积学的理论武装起来，彻底打破传统观点，统一标准内容，严格要求，高标准地完成这一历史使命。实践的结果，凡是按上述五个相结合去做的效果都比较好，不仅出了好成果，而且通过地层清理培养锻炼了一支科学技术队伍，从总体上把我国区调水平提高到一个新台阶。

三年多以来，参加全国地层清理工作的人员总数达400多人，总计查阅文献约24 000份，野外核查剖面约16 472.6 km，新测剖面70余条约300 km，清理原有地层单位有12 880个，通过清查保留的地层单位约4721个（还有省与省之间重复的），占总数36.6%，建议停止使用或废弃的单位有8159个（为同物异名或非岩石地层单位等），占总数63.4%，清查中通过实测剖面新建地层单位134个。与此同时研制了地层单位的查询、检索、命名和研究对比功能的数据库，通过各省（市、自治区）数据录入小组将12 880个地层单位（每个单位5张数据卡片）和10 000多条各类层型剖面全部录入，首次建立起全国30个（不含上海市）省（市、自治区）基础地层数据库，为全国地层数据库全面建成奠定了坚实的基础。从1994年7月—11月，分七个片对30个省（市、自治区）地层清理成果报告及数据库的数据录入进行了评审验收，到1994年底可以说基本上完成了省一级地层清理任务。1995—1996年将全面完成大区和总项目的清理研究任务。由此可见，这次全国地层清理工作无论是参加人数之多，涉及面之广，新方法新技术的应用以及理论指导的高度和研究的深度都可以堪称中国地层学研究的第三个里程碑。这一系统工程所完成的成果，不仅是这次直接参加清理的400多人的成果，而且亦应该归功于全国地层工作者、区域地质调查者、地层学科研与教学人员以及为地层工作做过贡献的普查勘探人员。全国地层清理成果的公开出版，必将对提高我国地层学研究水平，统一岩石地层划分和命名指导区调填图，加强地层单位的管理以及地质勘察和科研教学等方面发挥重要的作用。

鉴于本次地层清理工作和地层数据库的研建是过去从未进行过的一项研究性很强的系统工程，涉及的范围很广，时间跨度长达100多年，参加该项工作的人员多达300～400人，由于时间短，经费有限，人员水平不一，文献资料掌握程度等种种主客观原因，尽管所有人员都尽了最大努力，但是在本书中少数地层单位的名称、出处、命名人和命名时间等不可避免地存在一些问题。本书中地层单位名称出现的“岩群”、“岩组”等名词，是根据1990年公开出版的程裕淇主编的《中国地质图（1∶500万）及说明书》所阐述的定义。为了考虑不同观点的读者使用，本书对有“岩群”、“岩组”的地层单位，均暂以（岩）群、（岩）组处理。如鞍山（岩）群、迁西（岩）群。总之，本书中存在的错漏及不足之处，衷心地欢迎广大读者提出宝贵意见，以便今后不断改正和补充。

在30个省（市、自治区）地层清理系统成果即将公开出版之际，我代表全国地层清理项目办公室向参加30个省（市、自治区）地层清理、数据库研建和数据录入的同志所付出的辛勤劳动表示衷心的感谢和亲切的慰问。在全国地层清理项目立项过程中，原直管局王新华、黄崇轲副局长给予了大力支持，原直管局局长兼财务司司长现地矿部副部长陈洲其在项目论证会上作了立项论证报告，在人、财、物方面给予过很大支持；全国地层委员会副主任程裕淇院士一直对地层清理工作给予极大的关心和支持，并在立项论证会上作了重要讲话；中国地质大学教授、全国地层委员会地层分类命名小组组长王鸿祯院士是本项目的顾问，在地层清理的指导思想、方法步骤及许多重大技术问题上给予了具体的指导和帮助；中国地质大学教授杨遵仪院士对这项工作热情关心并给以指导；中国地质科学院院长、部总工程师陈毓川研究员参加了第三次全国地层清理工作会议并作了重要指示与鼓励性讲话；部科技司姜作勤高工，计算中心邬宽廉、陈传霖，信息院赵精满，地科院刘心铸等专家对地层数据库设计进行评审，为研建地层数据库提出许多有意义的建议。中国科学院地质研究所，南京古生物研究所，中国地质科学院地质研究所，天津、沈阳、南京、宜昌、成都和西安地质矿产研究所，南京大学，西北大学，中国地质大学，长春地质学院，西安地质学院等单位的知名专家、教授和学者，各省（市、自治区）地矿局领导、总工程师、区调主管、质量检查员和区调队、地研所、综合大队等单位的区域地质学家共600余人次参加了各省（市、自治区）地层清理研究成果和六个大区区域地层成果报告的评审和鉴定验收，给予了友善的帮助；各省（市、自治区）地矿局（厅）、区调队（所、院）等各级领导给予地层清理工作在人、财、物方面的大力支持。可以肯定，没有以上各有关单位和部门的领导和众多的专家教授对地层清理工作多方面的关心和支持，这项工作是难以完成的。在30个省（市、自治区）地层清理成果评审过程中一直到成果出版之前，中国地质大学出版社，特别是以褚松和副社长和刘粤湘编辑为组长的全国地层多重划分对比研究报告编辑出版组为本套书编辑出版付出了极大的辛苦劳动，使这一套系统成果能够如此快地、规范化地出版了！在全国项目办设在区调处的几年中，除了参加项目办的成员外，区调处的陈兆棉、其和日格、田玉莹、魏书章、刘凤仁多次承担地层清理会议的会务工作，赵洪伟和于庆文同志除了承担会议事务还为会议打印文稿，于庆文同志还协助绘制地层区划图及文稿复印等工作。

在此，向上面提到的单位和所有同志一并表示我们最诚挚的谢意，并希望继续得到他们的关心和支持。

全国地层清理项目办公室（陈克强执笔）

目　录

第一章
绪论

一、岩石地层清理研究目的、任务及完成情况

地层学居地质学的核心和基础位置。为使我国地质科学和地质找矿工作实现现代化，在国民经济建设中发挥更大作用，必须以地层学研究的现代化为先导，及时开展全国地层多重划分对比研究，建立地层数据库，以促进区调填图、地质找矿、地质科学研究和教学的进一步发展。

长期以来，我国地层划分一直以统一地层划分理论为基础，研究重点偏重于地层年代归属、顺序和化石内容。而对地层的其他各种特性、属性及其复杂的相互关系，特别是对地层学研究的重要基础、岩石地层单位的科学划分与准确的时空存在状态，则往往研究甚少。因此，随着工作的深入，新资料的不断增加，以及不同解释者的差别，地层单位划分不断变化，新名称不断出现，导致目前地层划分的混乱。以此为基础填制或编制的地质图，也因时、因人而异，给区调填图和综合性编图以及地质勘查、科研、教学带来一定困难，甚至提供错误的信息。

当前我国正在大规模进行1∶5万区调填图，其填图方法的研究已取得了突破性进展，建立了与当前地质科学发展水平相适应的新区调填图方法体系（魏家庸等，1991；周维屏、陈克强等，1993）。然而新方法体系的实行，必须以地层多重划分对比研究为基础，因而不失时机地开展全国地层多重划分对比（清理）研究，建立起为大家所公认的地层划分标准，消除地层划分对比的混乱局面，已成为当前生产实践、科研和教学必须解决的重大课题。

为此，地质矿产部直属单位管理局于1991—1992年先后要求各省（市、自治区）地质矿产局建立地层多重划分对比清理研究项目，同时明确省（市、自治区）级地层清理研究的主要任务是明确各岩石地层单位划分、对比（延伸）的物质标准，具体有如下几个方面内容：

（1）清理研究各类地层单位名称，包括：名称出处、原始定义、划分标准及其演变历史，单位的地质特征、分布范围与变化情况，各地层单位间的相互关系，经过多重划分对比后提出同物异名、异物同名，并对应停止使用或废弃的地层名称提出建议。

（2）在研究已有资料的基础上，尽可能地对各类原始命名剖面、标准地点和地区的其他代表性剖面、重要参考剖面（次层型）进行野外核查，并阐明这些剖面所在的地质、地理概

况；重新明确岩石地层单位的定义、划分标准及延伸变化情况，层型及主要参考剖面，以及这些剖面上的重要生物年代及其他地层特征。

（3）研究本省（市、自治区）或跨省的大区域各断代地层分区、综合地层分区方案，并编制地层多重划分对比表。

（4）编写本省（市、自治区）各断代地层划分对比研究专著。

（5）建立省级地层数据库。

宁夏回族自治区（以下简称宁夏）的地层多重划分对比（清理）研究工作，由宁夏地质矿产局区域地质调查队（以下简称宁夏区调队，现更名为宁夏地质矿产勘察院）承担。1991年初宁夏区调队组织人员收集资料并编制设计，同年10月宁夏地矿局批准了该设计。1992年局正式立项，组成了宁夏地层清理研究组，并成立了由局总工程师潘行适、局副总工程师王世环、曹景轩和刘时雨、廖华瑞组成的宁夏地层清理领导小组。据全国项目办公室的安排部署，宁夏为华北大区、西北大区成员单位，在清理研究工作中接受两大区领导小组的协调与指导。

宁夏地层清理研究工作从1992—1993年间进行，在广泛收集资料的基础上，通过剖面野外核查，拟定了采用的岩石地层单位的划分标准及其延伸变化情况，填制岩石地层单位卡片，进行地层单位多重划分对比的研究。至1994年初，全区岩石地层单位清理工作已基本完成，野外共核查剖面80 km，查阅各类文献资料约300份（入文献库89份），清理出拟采用岩石地层单位68个，停止使用的地层单位68个（其中宁夏创名的为36个），异物同名、同物异名地层单位9个。1993年5月份全面转入地层数据库的建库和书稿编写工作。本项目成员有：顾其昌（项目负责人，本书主编），沈玉玲（野外核查，编制中元古代、寒武纪—奥陶纪卡片，编写寒武纪初稿，参加地层数据库建库工作），范晋安（负责地层数据库建库，编写附录Ⅰ、Ⅱ、Ⅲ），陈金荣（野外核查，编制晚元古代、侏罗纪、部分白垩纪卡片，编写侏罗纪—白垩纪初稿及书稿插图整饰），刘国云（野外核查，编制三叠纪和部分二叠纪卡片，编写三叠纪初稿），王士政（地层清理组副组长，野外核查，收集整理寒武纪—奥陶纪资料），陈景智（收集整理第三纪资料，编制部分第三纪卡片），杨自恒（野外核查，编制石炭纪、泥盆纪卡片和插图原图整饰），张宇（野外核查，编制部分第三纪、白垩纪卡片），曹炜华（编制志留纪等卡片）。1994年11月在兰州召开的西北五省地层清理研究成果联片验收评审会议上，本书以优秀级成果通过了评审鉴定。

在本次地层清理研究工作过程中，得到了地矿部全国地层多重划分对比项目领导小组和项目办公室有关领导、专家的关怀、鼓励与指导，陈克强、高振家、张守信诸先生审阅了本书稿；西北、华北大区项目领导小组和项目办公室有关领导、专家作了大量的协调、仲裁和指导工作；宁夏地层清理项目领导小组成员和作者所在单位领导郑毅等，对本项目的实施，作了精心的组织、安排与部署，并不断地检查、督促和指导，潘行适、王世环、刘时雨和曹景轩对本项目成果的总结和本书的编写做了具体的指导与帮助；杨凤娥、朱银霞、唐丽娜清绘了本书的有关图表，作者在此谨表衷心的感谢。

按全国地层清理项目总体设计要求，第四系、太古宇—下元古界未清理。利用的资料时限至1992年底，区内1∶5万区调成果和其他重要资料截至1993年底，个别应用了1994年上半年的新成果。

二、地层研究简史

宁夏地处我国北方中部地区，东经104°17′—107°39′，北纬35°14′—39°23′，面积为66 400 km^2，宁夏地层研究始于本世纪20年代初，1924年谢家荣将宁夏南部白垩系命名为“陇山系”，1925年安特生（J G Andersson）、袁复礼将其命名为六盘山系。1923年德日进首次发掘灵武水洞沟遗址，同期安特生、杨钟键、卞美年对宁夏南部第三系进行划分与研究。40年代中期（1944—1946）黄绍显、杜恒俭、李星学、边兆祥、李士林等人先后对宁夏震旦系、寒武系、侏罗系等做了概略性调查。

中华人民共和国成立后，50年代至60年代初，随着煤、石油和固体矿产大规模地质勘探工作的展开，地层划分和对比工作逐步深入并不断有新发现。如：关士聪、车树政（1955）对桌子山地层系统的研究；丁培民（1960）对贺兰山北部石炭系—二叠系含煤地层的划分和对比；郭勇岭、甘克文（1958），李康、钟富道（1960），俞昌民（1962）对宁夏志留系的发现与研究；石油管理局陕北地质调查队103队（1953）、沈纪祥（1959）等确定了区内晚泥盆世地层的存在；地质部633队（1956）、石油部银川石油勘探局125队（1959）对六盘山群的划分、对比等。

1960年宁夏地质局区域地质测量队（以下简称宁夏区测队）组建后，完成了海原、同心、固原三个1∶20万图幅的区域地质调查工作，基本查明了宁夏南部地层层序、时代和分布，特别是对寒武系、奥陶系的划分、对比有突破性进展。此外，1962年宁夏综合地质队钾盐分队对早石炭世地层划分、对比和沉积特征的研究亦是一项重要成果。

70年代初，宁夏重新组建了区域地质测量队（1985年更名为宁夏区域地质调查队，下简称宁夏区调队），经过13年的努力，完成了宁夏全区的1∶20万区域地质调查，从而确立了全区地层系统，新建立30多个地方性地层单位名称，地层一般均划分到组（群、亚群），取得一系列突破性进展，如：贺兰山北段太古宙地层的划分和对比，寒武系、奥陶系、志留系、泥盆系、石炭系、第三系生物地层、年代地层学的研究等；出版了《宁夏陆相泥盆系及其生物群》、《宁夏纳缪尔期地层和古生物》等地层专著，1990年出版的《宁夏回族自治区区域地质志》（以下简称《宁夏区域地质志》）第一、二、四篇是在1∶20万区调地层资料的基础上对宁夏全区地层及沉积岩、变质岩的又一次全面系统的总结。此外，自70年代以来，宁夏地矿局地质研究所在1∶20万区调资料的基础上，编制出版了《西北地区区域地层表·宁夏回族自治区分册》，首次对宁夏地层区划作了全面研究，并详述了各地层分区地层系统；又编写了元古宇—中生界各断代总结，虽未能出版，但其重要内容已在有关论著中公开发表（如霍福臣、潘行适等，1989；安太庠、郑昭昌，1990；葛梅钰、郑昭昌、李玉珍，1990；刘志才等，1992）。

纵观宁夏地层学研究历史，地层划分和对比的研究取得了很大成绩，这对于1∶20万区调填图、地质找矿和科研起了积极的推动作用。但由于这些研究工作是以统一地层划分理论为基础，着重地层年代顺序和生物群内容的研究，并在年代解释的基础上划分地层。因而，随新资料、化石的不断发现，年代解释的变化，或不同单位、不同人解释的差别，导致地层的划分、命名一直不停地变化，地层单位名称一直不停地增加，造成了一定程度上的混乱，亟待以现代地层学理论为基础，开展清理与研究，建立为大多数人接受的客观、稳定且适用的地层划分标准。

三、综合地层区划及区域地层发育情况

宁夏在地质构造位置上，位于华北克拉通西部与北祁连造山带的过渡地区，综合地层分区（图1-1）属华北地层大区（Ⅴ）。大体以贺兰山三关口向东南（牛首山以东、青龙山以西）至固原以东一线为界，其东北—东部属晋冀鲁豫地层区（V_4）之华北西缘地层分区（V_4^1）和鄂尔多斯地层分区（V_4^4）的各一部分；上述一线以西，则属秦祁昆地层区（V_1）之祁连-北秦岭地层分区（V_1^2）的一部分。各地层分区据宁夏实际情况进一步划分为若干地层小区。兹按地层分区系统将地层发育特征简述于下，其各地层分区的地层序列见表1-1。

（一）祁连-北秦岭地层分区（V_1^2）

祁连-北秦岭地层分区属秦祁昆地层区（V_1）。

1. 宁夏南部地层小区（V_1^{2-1}）

出露最老地层为香山群，由巨厚轻微变质碎屑岩、泥岩（板岩）夹灰岩、硅质岩组成。奥陶纪地层是以碳酸盐岩为主的马家沟组和由巨厚轻微变质的碎屑岩、泥岩（板岩）、薄层灰岩组成的米钵山组。志留纪地层为海相碳酸盐岩、碎屑岩；泥盆纪发育老君山组；石炭系出露齐全。

2. 海原-西吉地层小区（V_1^{2-2}）

中元古代地层由巨厚的绿一浅灰色片岩、大理岩组成（海原群），有志留纪、泥盆纪地层分布，其余因新生代地层覆盖未出露。

（二）晋冀鲁豫地层区（V_4），华北西缘地层分区（V_4^1）

华北西缘地层分区属晋冀豫地层区（V_4）。

1. 贺兰山地层小区（V_4^{1-1}）

以太古宇—下元古界为基底。其上发育晚元古代黄旗口组、王全口组、正目观组。再上则为一套早寒武世—早奥陶世连续沉积的以碳酸盐岩为主的地层，唯米钵山组与宁夏南部地层小区一致。晚石炭世—二叠纪—三叠纪为连续沉积。缺失志留纪、泥盆纪和早石炭世地层。

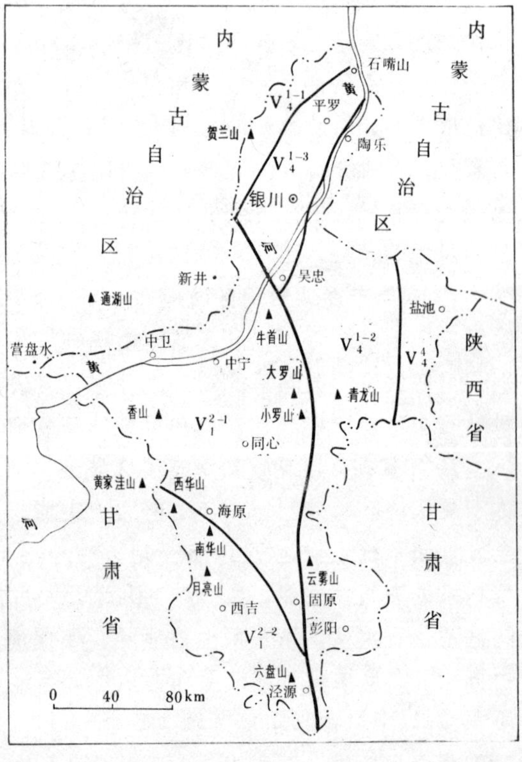

图1-1 宁夏回族自治区综合地层区划图

V_4. 晋冀鲁豫地层区；V_4^1. 华北西缘地层分区；V_4^{1-1}. 贺兰山地层小区；V_4^{1-2}. 桌子山-青龙山地层小区；V_4^{1-3}. 银川地层小区；V_4^4. 鄂尔多斯地层分区；V_1. 秦祁昆地层区；V_1^2. 祁连-北秦岭地层分区；V_1^{2-1}. 宁夏南部地层小区；V_1^{2-2}. 海原-西吉地层小区

2. 桌子山-青龙山地层小区（V_4^{1-2}）

以太古宇为基底，盖层发育情况与贺兰山地层小区一致，唯奥陶纪地层马家沟组之上，连续沉积了克里摩里组、乌拉力克组和拉什仲组。

3. 银川地层小区（V_4^{1-3}）

由新生代地层组成的断陷盆地。

（三）晋冀鲁豫地层区（V_4），鄂尔多斯地层分区（V_4^4）

本分区出露中、新生代地层，据少数钻孔、地震资料表明，深部中、晚元古代地层发育情况及其基底与桌子山-青龙山地层小区类似。

四、地层清理研究工作遵循的原则及有关规定

全国地层多重划分对比研究项目总体设计指出，研究工作必须以现代地层学理论为基础，遵循《国际地层指南》、《中国地层指南及中国地层指南说明书》及《沉积岩区 1∶5 万区域地质填图方法指南》规定的各项原则，并与当前的区调填图工作紧密结合。同时确定省（市、自治区）级研究的主要任务是重点明确中元古代—第三纪各岩石地层单位划分、对比延伸的物质标准，而不是清理区内所有的各类地层单位，但对常用生物地层、年代地层单位与岩石地层单位的关系要进行对比研究，提出明确的认识。因此，岩石地层单位的划分对比研究是本课题的重点和基础。

为确保本项目能达到预期目标，全国地层清理项目办公室还据总体设计要求，拟定了岩石地层单位登记卡片，要求对每个正式采用的岩石地层单位填制包括下列五种卡片，即：岩石地层单位卡片（卡Ⅰ）、划分沿革卡片（卡Ⅱ）、延伸范围及变化卡片（卡Ⅲ）、地层剖面卡片（卡Ⅳ）和参考文献卡片（卡Ⅴ）；同时颁发了《全国地层多重划分对比研究关于修订后的岩石地层单位登记卡片及地层数据库录入要求填写说明》。1993 年在全国地层数据库建库方案完成后，全国地层清理项目办公室还据此下发了《全国地层数据库数据采集系统用户操作手册》，作为省（区）级地层数据库录入的操作手册。

第二章
中—晚元古代

宁夏的中—上元古界主要分布于贺兰山中—北段和南部海原县南华山、西华山、西吉县月亮山等地。它们分布于华北西缘地层分区和祁连-北秦岭地层分区(图2-1)。其岩石地层单元划分如下:

华北西缘地层分区

寒武纪　辛集组(∈*x*)

————— 平行不整合 —————

震旦纪　正目观组(Z*ẑ*)

————— 平行不整合 —————

青白口纪　王全口组(Qn*w*)

————— 平行不整合 —————

青白口纪　黄旗口组(Qn*h*)

〰〰〰〰 不整合 〰〰〰〰

太古宙　宗别立群(Ar*Z*)

祁连-北秦岭地层分区

志留纪　旱峡组(S*h*)

〰〰〰〰 不整合 〰〰〰〰

蓟县纪　海原群(Jx*H*)

西华山组(Jx*x*)

园河组(Jx*y*)

南华山组(Jx*n*)

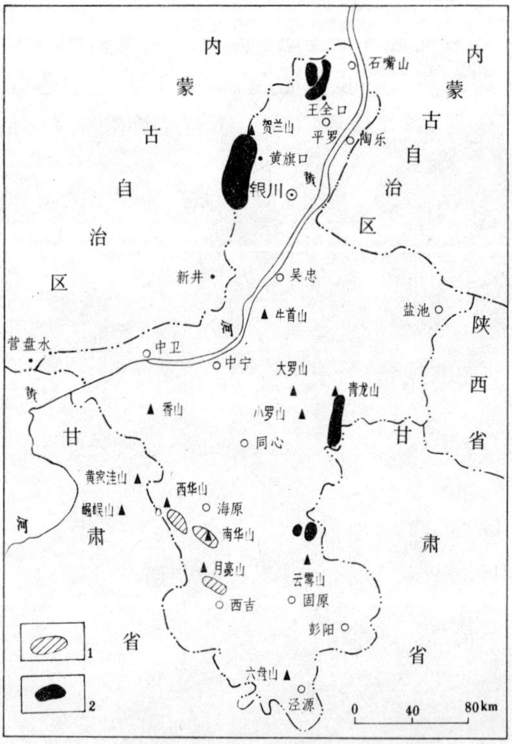

图2-1　宁夏中—晚元古代地层露头分布图

1. 海原群;2. 黄旗口组、王全口组和正目观组

第一节　岩石地层单位

海原群　Jx*H*　(64-0032)

【创名及原始定义】　海原群系1965年宁夏区测队在海原县南华山、西华山进行1:20万

区调时建立的。其原始定义为“由各种片岩、大理岩系组成的浅变质岩系，自下而上分为下、中、上三个亚群，时代属前寒武系。”

【沿革】 海原群建立后，迄今为各方面广泛应用。1988年霍福臣、郑昭昌提出将本群自下而上划分为南华山群、园河群、西华山群。1992年宁夏区调队一分队又在此基础上，依岩石组合进一步建立了八个组一级岩石地层单位。本次对比研究认为，海原群一名应予保留，霍福臣等建立的三个群名，经修订后可作为海原群下属的三个组来使用。至于宁夏区调队一分队所建立的八个组，因稳定性差，延伸范围小，可作为非正式段在填图中使用。

【现在定义】 海原群为一个由巨厚的灰绿色片岩（绿泥阳起片岩、角闪岩等）—浅色片岩（二云母石英片岩、白云母石英片岩、石英钠长片岩等）—大理岩、白云质大理岩组成的浅变质成层有序的岩石地层单位。依其岩石组合特征自下而上可分为：南华山组、园河组、西华山组。其上为志留系或泥盆系不整合覆盖，下未见底。

【层型】 在本群建立时，创名人指定的正层型为海原南华山头岔—三门上剖面。

【地质特征及区域变化】 海原群主要分布于海原县南华山—西华山一带，向西北延入甘肃省靖远县黄家洼山地区，由一套厚逾万米的暗—浅色片岩、大理岩组成。据对这套地层的岩石学研究，该暗色（灰绿—黄绿）片岩的原岩为基性火山岩类，浅色片岩原岩为粘土质—半粘土质沉积岩，大理岩原岩则为白云岩、白云质灰岩等碳酸盐类岩石。又由于本群分布范围处于一个区域性韧性剪切带内，正常的区域变质岩石受到不同程度的后期改造，形成糜棱岩系列岩石，需在工作中加以正确的处理。

南华山组 Jx*n* （64－0005）

【创名及原始定义】 1988年霍福臣、郑昭昌以海原群下亚群为基础，利用宁夏区测队（1960）测制的剖面建立了南华山群。其原始定义为：“南华山群因断层所截未见底，与上覆园河群呈断层接触。上部为灰白色云母石英片岩夹绿帘钠长角闪片岩，并有浅成中基性岩；中部为灰白色二云母石英片岩夹少许二云斜长片麻岩；下部主要是灰绿色绿泥绿帘阳起石片岩，并夹大理岩与石英岩透镜体。厚度1 550～2 560 m，产微古植物化石，时代为长城纪。”

【沿革】 1965年宁夏区测队建立海原群时，将本组划为下亚群，以后霍福臣等（1988）以此为基础建立了南华山群。本次对比研究认为，南华山群应降为组，隶属海原群下部。

【现在定义】 本组底部因断层所截未见底，其岩性下部为灰绿色绿泥绿帘阳起石片岩夹少量大理岩、石英岩透镜体；上部为灰白色二云母石英（钠长）片岩夹绿泥白云母钠长石英片岩和少量白云质大理岩等；顶部与上覆园河组为断层接触。含微古植物化石。

【层型】 正层型为海原南华山头岔—三门上剖面（位于海原县南华山。起点位于头岔村南东东1.7 km处。起点坐标：105°35′，36°27′。宁夏区测队1960年测制）。

上覆地层：**园河组** 灰白色薄层含砂质大理岩

═══════ 断 层 ═══════

南华山组	总厚度 ＞1 809.60 m
17. 灰绿、灰白色绿泥白云母钠长石英片岩	136.20 m
16. 灰、灰白色含钙质白云母石英片岩	131.80 m
15. 灰白色白云母石英片岩	200.50 m
14. 灰、灰绿色绿泥钠长白云母片岩，顶部有一层厚10.8 m的含砂质白云石大理岩	53.50 m
13. 灰白色白云母石英片岩	55.90 m
12. 深灰色黑云母石英片岩	33.50 m

11. 灰色绿泥钠长白云母石英片岩　125.30 m

10. 灰白色二云钠长石英片岩　88.40 m

9. 灰、灰白色绿泥石英钠长白云母片岩　50.00 m

8. 浅灰色二云钠长石英片岩　129.80 m

7. 灰白色钠长白云母石英片岩　35.00 m

6. 灰绿色绿帘钠长阳起石片岩夹深灰色钠长黑云母石英片岩及白云母石英片岩　70.30 m

5. 灰白、灰色含钙质白云母石英片岩，沿片理析出石英透镜体，产微古植物：*Polyporata* sp.，*P. microporosa*，*P. obsoleta*，*Taeniatum crassum*，*Trematosphaeridium* sp.　199.30 m

4. 灰绿色钠长绿帘角闪岩及石英绿帘钠长石片岩，钠长绿帘角闪岩之 Rb-Sr 同位素年龄值为（1 020±106）Ma　132.30 m

3. 浅黄绿、灰绿色绿帘钠长阳起石片岩及绿帘钠长绿泥石片岩，产微古植物：*Polyporata* sp.，*P. microporosa*，*Lignum* sp.　67.90 m

2. 灰、黄绿色白云母绿泥钠长石英片岩　191.50 m

1. 浅黄绿色钠长绿帘阳起石片岩（未见底）　>108.40 m

【地质特征及区域变化】　南华山组主要出露于海原县南华山西南麓灵光寺—马万山（南华山主峰）一带，西华山西北部至甘肃省靖远县黄家洼山地区亦有分布。其厚度 1 406～2 945 m。本组岩石组合可进一步归结为下部以灰绿色（暗色）片岩为主，上部则为灰白（浅）色片岩类，宏观标志明显。但其内部岩性变化较大，如沿岩层走向，暗色片岩类常因矿物组合变化，而有绿泥片岩、绿泥绿帘阳起石片岩、绿帘钠长片岩、绿泥角闪（阳起石）片岩等，其浅色片岩类有二云母石英片岩、白云母石英钠长片岩、白云母石英片岩等。特别是本组分布区，地质构造上处于韧性剪切带内，使其岩石成分、结构构造更趋复杂化。

园河组　**Jxy**　（64-0006）

【创名及原始定义】　1988 年霍福臣、郑昭昌以海原群中亚群为基础，利用宁夏区测队（1960）测制的剖面建立了园河群，并认为“该群主要由大理岩组成，视厚 1 476 m。上部为灰白色钙质白云母石英片岩夹云母大理岩；中部是灰白色中厚层含云母大理岩、硅质大理岩夹二云母石英片岩、钠长绿帘绿泥石片岩及含碳质白云母石英片岩；下部为深灰色厚层大理岩、白云母大理岩夹白云母石英片岩。产微古植物化石，时代为蓟县纪。”

【沿革】　1965 年宁夏区测队创名海原群时，将本组划为中亚群，1988 年霍福臣等将其改称园河群。本次对比研究认为，在保留海原群一名的前提下，园河群改称园河组，并重新厘定了它的上界，即将原园河群上部以片岩为主夹大理岩的那段地层划归西华山组。

【现在定义】　本组以大理岩为主要岩性。上部为灰白色中厚层含云母大理岩、硅质白云质大理岩夹二云母石英片岩、钠长绿帘绿泥片岩及含碳质白云母石英片岩；下部为深灰色厚层大理岩、白云质大理岩夹白云母石英片岩。含微古植物化石。与下伏南华山组呈断层接触，其上与西华山组为连续沉积。

【层型】　正层型为海原西华山窝宝沟剖面（位于海原县西华山东段园河村附近。起点坐标：105°24′，36°35′。宁夏区测队 1960 年测制）。

上覆地层：**西华山组**　灰白、银灰色白云母石英片岩

———— 整　合 ————

园河组　总厚度　>1 148.30 m

14. 灰白色中薄层硅质白云质大理岩，产微古植物：*Leiopsophosphaera* sp.，*Polyporata*

sp.，*P. solida* 123.10 m

13. 深灰色钠长绿帘绿泥片岩，夹灰白色硅质白云质大理岩及白云母石英片岩 53.70 m
12. 淡灰色白云母石英片岩夹薄层硅质白云质大理岩、钠长绿帘绿泥片岩及钠长绿帘绿泥阳起片岩 105.00 m
11. 灰绿色绿泥绿帘钠长阳起片岩 43.00 m
10. 灰白色中薄层硅质白云质大理岩，夹绿泥绿帘钠长阳起片岩 62.80 m
9. 灰白色中厚层白云母白云质大理岩，夹阳起钠长绿泥片岩及绿泥黑云片岩 93.30 m
8. 灰白色钙质白云母石英片岩及白云母白云质大理岩，顶部有一层石英片岩 42.40 m
7. 白色中层白云质大理岩，夹白云母石英片岩、碳质白云母石英片岩及绿帘阳起钠长绿泥片岩 105.60 m
6. 灰白色中厚层白云母石英片岩 58.20 m
5. 灰白色中厚层白云母白云质大理岩 129.20 m
4. 灰白—银灰色白云母石英片岩，顶部有一层阳起钠长片岩 26.30 m
3. 灰白色中厚层白云母白云质大理岩 225.20 m
2. 灰白色中厚层白云母白云质大理岩及钠长绿泥片岩、白云母石英片岩 50.10 m
1. 灰白色中厚层大理岩（未见底） ＞30.40 m

【地质特征及区域变化】 本组分布于海原县南华山东北麓、西华山及付家岘地区，出露厚度 800～1 200 m。它以灰白—深灰色厚—中厚层大理岩夹片岩为主要特征，以最上部中薄层大理岩层的顶面作为与上覆西华山组的分界面。

西华山组 Jx*x* （64－0007）

【创名及原始定义】 霍福臣、郑昭昌于 1988 年以海原群上亚群为基础，利用宁夏区测队（1960）测制的剖面创建了西华山群。其原始定义为："西华山群连续沉积在蓟县系园河群之上，视厚 3 513 m，上部为灰、灰白色钠长白云母片岩夹多层中基性火山岩，横向可相变为二云母大理岩；中部是灰白色绿泥白云母石英片岩与含云母大理岩互层夹绿帘阳起片岩；下部为灰白色钠长白云母石英片岩。时代为青白口纪。"

【沿革】 1988 年霍福臣等将原海原群上亚群改称西华山群。本次对比研究改称西华山组，隶属海原群上部。

【现在定义】 本组与下伏园河组为连续沉积，岩性以灰白色白云母石英片岩、钠长石英片岩为主，夹灰白色薄层白云母大理岩、灰绿色绿泥钠长片岩、绿泥阳起钠长片岩等，以不含大量中薄层大理岩为主要特征，其上与旱峡组呈不整合接触。

【层型】 正层型为海原西华山剖面（位于海原县西华山主峰东南 2.6 km。起点坐标：105°22′，36°35′。宁夏区测队 1960 年测制）。

上覆地层：**旱峡组** 砾岩及砂岩

～～～～～～ 不 整 合 ～～～～～～

西华山组 总厚度 3 514.00 m

18. 灰白色钠长白云母石英片岩 472.00 m
17. 深灰色条带状中薄层白云母大理岩 29.00 m
16. 灰白色钠长白云母石英片岩 148.00 m
15. 暗绿色绿帘钠长阳起石片岩 72.00 m
14. 灰白、黄褐色薄层白云母大理岩 106.00 m

13. 灰绿色绿帘绿泥阳起钠长石片岩　73.00 m
12. 灰白色含钙质白云母石英片岩　56.00 m
11. 灰绿色绿帘绿泥阳起钠长石片岩　21.00 m
10. 灰白色中薄层大理岩夹含钙质白云母石英片岩　203.00 m
9. 灰绿色绿泥石英白云母片岩　134.00 m
8. 灰白色薄层白云母大理岩　15.00 m
7. 灰白、浅灰绿色绿泥石英白云母片岩，有少许析出的石英透镜体　346.00 m
6. 灰白色薄层白云母大理岩　8.00 m
5. 灰色白云母石英片岩，具少量析出的透镜状石英　212.00 m
4. 银灰色钠长白云母石英片岩，有少量石英透镜体析出　149.00 m
3. 灰、灰白色白云母石英片岩　216.00 m
2. 灰白色薄层白云母大理岩及钠长阳起石片岩　11.00 m
1. 灰白色钠长白云母石英片岩夹浅色二云斜长片麻岩。二云斜长片麻岩之 Rb－Sr 同位素年龄值为（518.4±14.4）Ma　1 243.00 m

———————— 整　合 ————————

下伏地层：**园河组**　黄褐色薄层硅质白云质大理岩

【地质特征及区域变化】　本组以灰、灰白色片岩为主体，夹薄层大理岩、灰绿色片岩，其识别标志清楚。它主要分布于西华山和南华山东北麓，西吉县月亮山南麓仅零星出露。其最大厚度在西华山地区达 4 241 m 以上。

黄旗口组　Qn*h*　（64－0008）

【创名及原始定义】　1978 年宁夏区调队三分队在贺兰山进行 1：20 万区调时，将“不整合于早元古代吕梁期黑云斜长花岗岩之上，与上覆蓟县系王全口群沉积间断（贺兰山普遍存在）；下部为石英岩、杂色粉砂质板岩，上部为厚层块状硅质白云岩；在冰沟厚 339.4 m”的一套地层命名为黄旗口群。

【沿革】　早年谢家荣（1921）考察贺兰山时，将本组划归“东部诸省习见之南口系”；李士林（1946）认为属震旦系；之后关士聪等（1958）将固原东北之闵家沟一带“灰紫色石英砂岩”及上部灰色及深灰色硅质石灰岩称“闵家沟系”，并认为可与甘肃华亭县马峡口之“马峡口系”相比。中国科学院地质研究所（1956）则将贺兰山—桌子山震旦系统称“贺兰山系”。1978 年宁夏区调队建立黄旗口群，沿用至今。本次对比研究认为宜改称黄旗口组。

【现在定义】　本组平行不整合伏于王全口组之下，不整合于中元古代黑云斜长花岗岩之上（或太古宇片麻岩）。主体岩性为灰白、紫红色石英岩、石英岩状砂岩、石英砂岩，夹少量紫红、灰绿色板岩、砂质及硅质板岩。贺兰山中段上部为一套灰白色石英岩及灰绿、灰白色硅质板岩。

【层型】　正层型为银川市黄旗口冰沟剖面（位于银川市黄旗口冰沟上游。起点坐标：105°52′，38°39′。宁夏区调队三分队 1978 年测制）。

上覆地层：**王全口组**　薄层砂质灰岩、泥灰岩、板岩

－－－－－－ 平行不整合 －－－－－－

黄旗口组　总厚度　339.40 m

6. 上部灰色块状石英岩，下部灰黑色硅质板岩夹深灰色细粒长石砂岩透镜体　15.10 m
5. 灰白色厚层块状硅质白云岩，含少量硅质条带，上部夹灰绿色硅质板岩　163.10 m

4. 灰绿色粉砂质板岩，夹数层石英岩和石英粗砂岩　21.20 m

3. 深灰色含海绿石细粒石英砂岩，下部夹含铁石英砂岩透镜体　8.60 m

2. 紫红色中厚层砂状石英岩，波痕及斜层理发育　112.80 m

1. 中、上部灰色薄—中层石英岩，浅紫红色石英岩。中部夹一层灰黑、灰绿、紫红色粉砂质板岩。底部为含砾中粒石英砂岩　18.60 m

~~~~~~~~~~ 不 整 合 ~~~~~~~~~~

下伏地质体：**中元古界**　黑云斜长花岗岩

【地质特征及区域变化】　本组下部为灰紫、紫红色薄—中厚层石英岩、石英砂岩，夹一层紫红色粉砂、砂质板岩，向上过渡为深灰色细粒石英砂岩—灰绿色粉砂质板岩夹石英岩、石英砂岩；上部则以灰白色厚层块状含少量硅质条带的硅质白云岩为主，夹灰绿—灰黑色硅质板岩、石英（砂）岩等。自冰沟剖面向南经白寺口、圈渠沟等地，其岩石组合序列基本与冰沟相似，厚度245.8～339.4 m。向东南至青龙山地区未见出露，固原东部闵家沟剖面因断层切割和黄土覆盖，出露厚度仅32 m，岩性为褐红、紫红色石英岩状砂岩、砂岩夹硅质板岩，大体相当于冰沟剖面下部。

自冰沟剖面向北，至贺兰山北段枣窝、王全口、陶思沟等地，本组岩性则以石英岩、石英砂岩为主，上部基本无碳酸盐岩。其下部以紫红色薄—中厚层石英（砂）岩为主，底部产海绿石砂岩；上部则由灰白色之石英岩、石英砂岩组成，总厚度283.3 m。自王全口向北至贺兰山北端、黑砂土车站以南，则缺失本组，陶思沟组直接超覆于太古宙片麻岩、混合花岗岩之上。

在贺兰山、青龙山一线以东盐池、灵武县一带大面积中、新生界覆盖区之下，个别石油深钻井（如天深一井）下部亦见有本组踪迹，但具体资料不详。

纵观本组岩石组合特征，在贺兰山中段（冰沟—圈渠沟）下部以碎屑岩为主夹板岩，属碎屑岩相；上部则为硅镁质碳酸盐岩夹板岩、碎屑岩，可称硅镁质碳酸岩盐相。贺兰山北段及东南部则全为碎屑岩组成。其厚度有以冰沟一带为中心向北、向东南变薄之势，至贺兰山北端则逐渐尖灭。在上述各地区下部石英岩、石英砂岩均呈特有的紫红色（铁红）而有别于本区其他各组碎屑岩，这是本组重要的识别标志。至于贺兰山中段上部的硅镁质碳酸盐岩，除了在岩石组合上常夹石英砂岩、板岩外，其自身岩性系以灰白色为主，含少量硅质条带，这些均与上覆王全口组的硅镁质碳酸盐岩有一定差别。

王全口组　Qn*w*　（64－0009）

【创名及原始定义】　宁夏区调队三分队（1978）在贺兰山进行1∶20万区调时，据惠农县王全口沟剖面建立了王全口群。其原始定义为“平行不整合于中寒武统毛庄组底砾岩之下，平行不整合于黄旗口群之上，为单一碳酸盐岩建造，以灰质白云岩为主，产叠层石，唯下部夹少量石英岩、粉砂岩、钙质板岩，局部地段底部含砾。王全口剖面厚度111.3 m。”

【沿革】　本组在1975年以前，人们均认为它与下伏黄旗口群为同一地层单位，因此这一段沿革大体与上相同。1975年开展1∶20万区调，发现其间有一明显的区域性平行不整合面，遂将其平行不整合面上、下分别命名为王全口群、黄旗口群。本次对比研究将其降为组级岩石地层单位。

【现在定义】　本组以平行不整合伏于陶思沟组（或正目观组）之下，岩性以含硅质条带和结核的白云岩为主，产叠层石。下部有少量石英砂岩、粉砂岩、钙质板岩及砾岩等，与下伏黄旗口组呈平行不整合接触。
~~~~~~~~~~

【层型】 正层型为惠农王全口沟剖面（位于石嘴山市惠农县王全口沟上游。起点坐标：106°30′，39°12′。宁夏区调队 1978 年测制；1990 年修测，补充叠层石资料）。

上覆地层：**陶思沟组** 砾岩

——————— 平行不整合 ———————

王全口组 总厚度 118.30 m

19. 浅灰色中厚层与薄层燧石条带白云岩互层。产叠层石：*Minjaria* f.，*Colonnella* f.，*C. ulakia*，*Tungussia* f.，? *Baicalia* f.，*B.* cf. *baicalica*，*B. minuta* 41.70 m
18. 浅肉红色中厚层与薄层白云岩互层，含少量燧石结核。产叠层石：*Conophyton* f.，*C. litnum*，*Jacutophyton* f.，*J.* cf. *luonanensis*，*Baicalia* f.，*B. caricornia*，*Anabaria* f.，*Colonnella* cf.，*Tungussia* f.，*Scopulimorpha* f.，*Conicodomenia* f. 13.10 m
17. 浅灰色中厚层燧石条带白云岩。产叠层石：*Jacutophyton* f.，*Cryptozoon* f.，*Conophyton wangquangouense* f.，*C. cylindricum*，? *Tielingella* f.，*Colonnella* f.，*Tungussia* f. 11.30 m
16. 浅灰色中厚层燧石条带白云岩夹两层灰绿色砂质板岩 22.70 m
15. 浅灰色厚层含硅质条带砂质白云岩 5.30 m
14. 灰白色薄层细粒石英砂岩，底部夹海绿石石英砂岩，顶部夹少量硅质板岩。海绿石 K－Ar 年龄值为 1289 Ma 14.40 m
13. 灰绿色含海绿石硅质板岩 1.40 m
12. 灰白色厚层角砾岩 8.40 m

——————— 平行不整合 ———————

下伏地层：**黄旗口组** 灰白色厚层石英岩

【地质特征及区域变化】 本组正层型总厚度 118.3 m，除下部 24.2 m 砾岩、石英砂岩、海绿石石英砂岩外，中、上部均为浅灰—肉红色含燧石条带白云岩，含丰富的叠层石。自王全口沟剖面向南，至黄旗口冰沟剖面，厚度增至 726 m，除下部为白云质灰岩、板岩、粉砂岩、石英岩外，中、上部亦以燧石条带白云岩为主，但叠层石极为稀少。冰沟向南本组厚度总的有增大趋势，至贺兰山三关以北厚度达 934 m 以上，岩性均大体与冰沟剖面相仿。

在宁夏东南部同心青龙山地区，本组未见底，出露厚度大于 707.6 m，其微晶—粉晶白云岩质纯，含硅质成分极低，可作为冶镁白云岩原料。自青龙山向南至固原闵家沟地区，见本组与下伏黄旗口组呈断层接触，出露厚度大于 228.4 m，岩性以燧石条带白云岩为主。

此外，在宁夏东部灵武、盐池县地区，石油钻井（天深一井）中亦见本组存在。

综上所述，本组为一套硅镁—镁质碳酸盐岩相沉积，其识别标志明显。

正目观组 $Z\hat{z}$ （64－0010）

【创名及原始定义】 本组为西安地质矿产研究所 1978 年在贺兰山西麓镇木关（正目观）地质调查时创名。其原始定义："正目观组与上覆苏峪口组为平行不整合接触，与下伏王全口组为角度不整合。上部为板岩，下部为冰碛砾岩。正目观剖面厚度 114 m。"

【沿革】 早年曾认为本组是寒武系的一部分（西北地质科学研究所，1964)。1978 年西安地质矿产研究所据宁夏区调队（1978）所测冰沟剖面而创立正目观组。宁夏区调队(1978) 在 1∶20 万区调时曾称之为罗圈组。之后对其岩性的深入研究和对比后认为它有别于豫西的罗圈组（顾其昌，1982)，应称正目观组。《宁夏区域地质志》将其改称镇木关组。经查核正目观和镇木关为同一地名的谐音，故应从创名人称正目观组。

【现在定义】 本组平行不整合覆于王全口组之上，平行不整合伏于辛集组之下。上部由灰绿、灰黑色砂质板岩、板岩夹少量砂岩组成，含微古植物；下部为以浅灰、深灰色块状白云质钙质角砾岩为主的与冰川活动有关的冰水沉积物。

【层型】 镇木关（正目观）在内蒙古自治区（下简称内蒙古）阿拉善左旗。正层型为银川市黄旗口冰沟剖面。次层型为贺兰县苏峪口五道塘剖面，由于测制较详，且交通方便，故将其列述于后（位于贺兰县金山乡苏峪口磷矿区。起点坐标：105°54′，38°45′。宁夏区调队1978年测制）。

上覆地层：**辛集组** 磷砾岩、含磷砂岩

——————— 平行不整合 ———————

正目观组 总厚度 125.10 m

7. 灰绿—灰黑、灰黄色板岩、砂质板岩，产微古植物：*Symplassosphaeridium* sp.，*Gloeocapsomorpha* sp.，*Polyedrosphaeridium* sp.，*Synsphaeridium* sp.，*Laminarites* sp. 96.10 m
6. 灰色含砾薄层灰岩 0.70 m
5. 灰色厚层角砾岩，角砾基本为含燧石条带结核白云岩 5.00 m
4. 灰色厚—中厚层角砾岩，含较多的石英砂岩角砾，次棱角状，直径 0.5～5 cm，少部分可达 20～30 cm 20.00 m
3. 灰色厚层粗角砾岩，角砾直径 0.5～20 cm 不等，个别达 40～80 cm，角砾成分主要为燧石条带白云岩，形状各异 1.50 m
2. 浅灰—深灰色厚—中厚层角砾岩，角砾大小不一，几乎全由燧石条带白云岩、深灰色白云岩组成，石英砂岩角砾偶见 1.20 m
1. 灰色中厚层细角砾岩，角砾呈次棱角状，直径以 0.2～0.5 cm 居多，泥灰质胶结 0.60 m

——————— 平行不整合 ———————

下伏地层：**王全口组** 燧石条带白云岩

【地质特征及区域变化】 正层型剖面总厚度 213.4 m，至贺兰县苏峪口五道塘剖面厚度 125.1 m。下部 29 m 之灰、深灰色厚—中厚层角砾岩，其角砾大小不一（直径 0.2～80 cm 不等）、形状各异，成分以燧石条带白云岩为主，石英砂岩少量，胶结填隙物多为灰质—白云质粉晶、泥晶及砂屑等；上部灰绿—灰黑色板岩中产微古植物。苏峪口向北则不见本组踪迹。冰沟—苏峪口向南至银川市金塔泉一带，厚度变化大（16～64 m），但总的自北向南有变薄之势，其岩石组合序列均大体一致。同心县青龙山地区本组岩性有一定变化，其下部为灰色块状硅质角砾岩（厚度 28.7 m），上部为褐红色含粉砂质板岩夹少量细砂岩（厚度 7.1 m）。

应该指出，本组下部角砾岩，即以往人们所称之冰碛砾岩，本书作者对此并无疑义，但作为描述性的岩石名称，则以称角砾岩（或杂砾岩）为宜。

第二节 年代地层问题讨论

区内中—晚元古代岩石地层格架及地层以往积累资料较少，对于它们的年代地层单位，一时难以作出较为确切的划分和对比，现仅对上节描述的各岩石地层单位，按地层分区作一概略的讨论。

一、祁连-北秦岭地层分区

在本地层分区海原县南华山、西华山一带分布的海原群，共取得几个年龄值（表 2-1）。表中数据，以采自西华山组下部的二云斜长片麻岩（3 号样）年龄值最新（518 Ma）。经核实它是二云母片岩受强烈韧性剪切作用而形成的糜棱岩，其数据不足取。其余两个 Rb-Sr 全岩等时线年龄值，其层位低的（2 号样）年龄值反而小于层位高的（1 号样）年龄值，二者有一定矛盾，但考虑后者误差较大，所以这两个年龄数据可权作参考。Sm-Nd 法样品（4 号样）年龄值（1 426 Ma）可代表古老的基性岩类成岩年龄，它基本上是蓟县纪的下限年龄。因此从以上讨论的几个数值来看，目前将海原群地质年代划归蓟县纪应该是合理的。

表 2-1　海原群各年龄值测定表

顺序号	岩石名称	采集层位	测定方法	测定年龄值（Ma）	采样人	测定单位	时间
1	基性火山岩	西华山组上部	Rb-Sr 等时线	1 128±209	闫志强	宜昌地质矿产研究所	1988
2	钠长绿帘角闪岩	南华山组下部	Rb-Sr 等时线	1 020±106	霍福臣 郑昭昌	中国科学院地质研究所	1984
3	二云斜长片麻岩	西华山组下部	Rb-Sr 等时线	518.4±14.4	霍福臣 郑昭昌	中国科学院地质研究所	1984
4	基性火山岩	南华山组下部	Sm-Nd	1 426±69	李跃敏	中国地质科学院地质研究所	1990

二、华北西缘地层分区

在本地层分区分布的岩石地层单位计有黄旗口组、王全口组和正目观组，自青龙山向北到贺兰山黄旗口、苏峪口等地，及至其北端黑沙土地区，厚度变化总的有自南向北逐渐变薄之势。但从以上三个组间为平行不整合关系来看，它们分别代表三个自南向北的海侵层序（图 2-2）。

黄旗口组在贺兰山中段黄旗口地区，其下伏为黑云斜长花岗岩。对所采花岗岩锆石同位素测年样品，由天津地质矿产研究所选取其中九种不同锆石，用 U-Pb 法测定得出两组和谐线，年龄值分别为（1 425±135）Ma、（1 539±49）Ma（上交年龄值），并认为该岩体的锆石年龄值 1 425～1 539 Ma 是可信的，因而改变了《宁夏区域地质志》据黑云母 K-Ar 法年龄值认为该岩体属早元古代晚期的看法，所以据此认为黄旗口组的下限不会早于长城纪晚期至蓟县纪早期。这就基本上排除了以往认为黄旗口组时代属长城纪的可能。又据我们在野外核查，采自王全口剖面黄旗口组底部（距不整合面仅 3 m）海绿石砂岩，通过天津地质矿产研究所经中国科学院 Ar-Ar 测年实验室，用 $^{40}Ar-^{39}Ar$ 快中子活化法测定结果，其海绿石年龄为（969.1±21.8）Ma，故黄旗口组应归属青白口纪。但从横剖面图来看，黄旗口组沉积时，海侵系由南向北，而在贺兰山北段所获得年龄值，反映海水到达较晚；在南部（黄旗口—青龙山及其以南地区）下部有无蓟县纪中晚期沉积，亦即它是否为蓟县纪—青白口纪的穿时岩石地层单位目前尚无佐证，有待今后进一步研究，目前我们将黄旗口组的年代暂归属青白口纪。

以平行不整合覆于黄旗口组之上的王全口组，代表区内晚元古代另一次由南向北海侵的产物，它的年代自然不会早于青白口纪。叠层石以王全口剖面较为丰富，综合该剖面第 17—

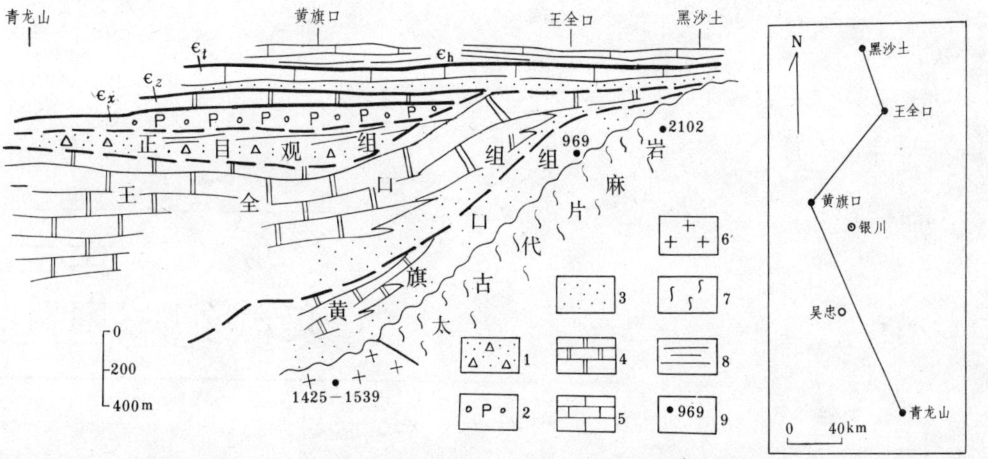

图 2-2　贺兰山—青龙山中—晚元古代岩石地层横剖面图

1. 角砾岩；2. 磷砾岩；3. 砂岩；4. 白云岩；5. 灰岩；6. 花岗岩；7. 片麻岩；8. 泥岩、板岩；9. 同位素年龄样采集层位及数值（单位：Ma）；∈*xj*. 辛集组；∈*z*. 朱砂洞组；∈*t*. 陶思沟组；∈*h*. 胡鲁斯台组

19层，计有：*Minjaria* f.，*Colonnella* f.，*C. ulakia*，*Tungussia* f.，*Baicalia* f.，*B.* cf. *baicalica*，*B. minuta*，*B. caricornia*，*Conophyton* f.，*C. lituum*，*C. wangquankouense*，*C. cylindricum*，*Jacutophyton* f.，*J.* cf. *luonanensis*，*Anabaria* f.，*Scopulimorpha* f.，*Conicodomenia* f.，*Cryptozoon* f.，*Tielingella* f. 等 19 个群、型。据文献记载（天津地质矿产研究所，1979，p. 49），其中像 *Minjaria*，*Baicalia*，*Anabaria*，*Tungussia*，*Tielingella* 等在青白口系及欧亚北部的上里菲系、印度的上温德亚群均有分布；而 *Cryptozoon* 最低层位可分布于长城系，*Conophyton* 则分布于蓟县系—青白口系，以蓟县系较为发育。总之，我们在具体分析这一叠层石组合时，难以采用一个标准，将其限定在某一时限范围内。近来我国学者（陈晋镳，1994）在叠层石的地层学意义的研究中取得新进展，认为不能简单地用生物控制和环境控制解释其形态成因，在当前单纯依靠叠层石确定前寒武纪地层时代和进行盆地间地层对比，宜采取慎重态度。因此，我们认为目前以叠层石确定前寒武纪地层时代时要慎重。至于以往资料中提及的王全口剖面王全口组下部，1 289 Ma 的海绿石 K－Ar 年龄值，有必要用 $^{40}Ar-^{39}Ar$ 快中子活化法检测。鉴于以上情况，我们暂将王全口组年代归属青白口纪。

正目观组平行不整合于王全口组之上。其下部角砾岩是震旦纪大冰期形成的冰碛砾岩（西安地质矿产研究所，1978；宁夏区调队，1978、1982；顾其昌，1982 等），它的年代自然应归属震旦纪。但从大区域对比研究来看，它与上覆产早寒武世三叶虫的辛集组等含磷层位在分布上总是形影相随，因此，这一冰期时代是否有可能属晚震旦世晚期或早寒武世早期值得今后进一步研究。

第三章
寒武纪—奥陶纪

宁夏华北西缘地层分区贺兰山地层小区的寒武纪—奥陶纪岩石地层序列，平行不整合于正目观组之上，自下而上可划分为辛集组（∈*xj*）、朱砂洞组（∈*ẑ*）、陶思沟组（∈*t*）、胡鲁斯台组（∈*h*）、阿不切亥组（∈O*a*）、马家沟组（O*m*）、米钵山组（O*mb*）和银川组（O*y*）。在桌子山-青龙山地层小区之青龙山—固原以东地区，其下部岩石地层序列与贺兰山地层小区一致，但自马家沟组向上则依次为克里摩里组（O*k*）、乌拉力克组（O*w*）、拉什仲组（O*l*）和背锅山组（O*b*）。在祁连-北秦岭地层分区宁夏南部地层小区，下部为香山群（未见底），自下而上分徐家圈组（∈*x*）、狼嘴子组（∈*l*）、磨盘井组（∈*m*），其上有马家沟组（O*m*）、米钵山组（O*mb*）等，其中米钵山组与香山群之间为断层接触（图3-1、图3-2）。

第一节　岩石地层单位

辛集组　∈*xj*　（64-0014）

【创名及原始定义】　为1962年河南省地质研究所创名，初称辛集含磷组。原始定义："指罗圈组之上、朱砂洞组之下的一套含磷碎屑岩系，岩性下部为含磷质砾状砂岩、含磷砾岩及结核状磷块岩；中部为层状砂质磷块岩；上部为灰色磷块岩、含磷块岩碎屑的泥砂质灰岩及砂岩。其下与罗圈组之间有明显的沉积间断（或为连续过渡），其上与朱砂洞组整合接触。时代为早寒武世。厚10～45 m。"

【沿革】　1958年甘肃苏峪口地质队在苏峪口地区发现磷矿后，即查明本组岩石组合特征，并将其归属下寒武统的一部分。1976年前后，周志强、郑昭昌据1∶20万区域地质调查资料建立苏峪口组，以后一直沿用。1994年据地层清理华北大区验收会议决议，沿晋冀鲁豫地层区南缘及西缘有关地层分区分布的与"含磷岩系"层位相当、岩性大体一致，宜统一采用创名较早的辛集组。故苏峪口组作为同物异名。

【现在定义】　本组主要岩性为含磷砂砾岩、磷质含海绿石长石石英砂岩、紫红色砂岩。下与东坡组平行不整合接触。在宁夏平行不整合于正目观组之上、整合于朱砂洞组之下，底部为含磷砾岩，其上为褐灰、灰白色含磷白云质砂岩或砂质白云岩。出现深灰色中厚层白云岩、白云质灰岩，即为本组上覆朱砂洞组的底界。

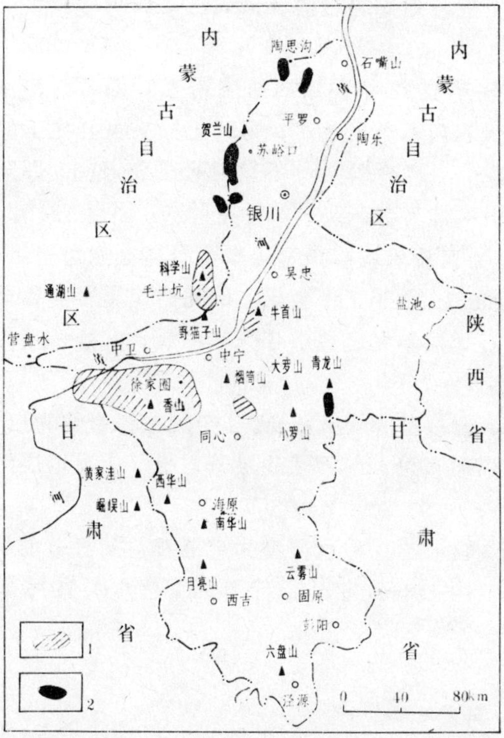

图 3-1　宁夏寒武纪地层露头分布图

1. 香山群；2. 辛集组、朱砂洞组、陶思沟组、胡鲁斯台组、阿不切亥组

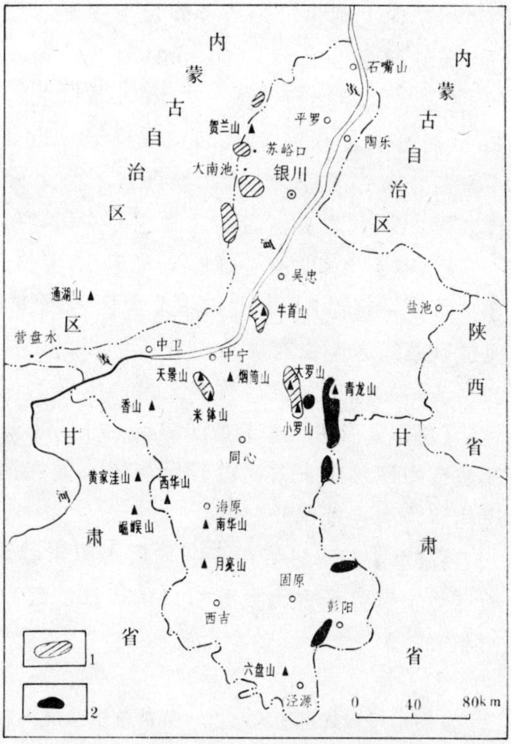

图 3-2　宁夏奥陶纪地层露头分布图

1. 马家沟组、米钵山组、银川组；2. 马家沟组、克里摩里组、乌拉力克组、拉什仲组、背锅山组

【层型】　正层型在河南鲁山辛集史庄北—龙鼻村（41-0301）。次层型为宁夏贺兰五道塘剖面（位于贺兰县金山乡苏峪口磷矿区。起点坐标：105°54′，38°45′。宁夏第二地质队 1975 年测制）。

上覆地层：**朱砂洞组**　深灰色厚—块状粉砂质灰质白云岩

—————— 整　合 ——————

辛集组	总厚度　30.28 m
6. 灰白色中厚层白云质长石粉砂岩	24.99 m
5. 土黄色含磷砂岩	0.77 m
4. 灰—灰黄色中厚层含粉砂质灰质结晶白云岩，产三叶虫：*Bergeroniellus* sp.	3.75 m
3. 灰黄色磷质砾岩，产三叶虫：*Bergeroniellus* sp.	0.77 m

－－－－－－－ 平行不整合 －－－－－－－

下伏地层：**正目观组**　灰色板岩

【地质特征及区域变化】　本组以含磷碎屑岩为主要特征。底部磷质砾岩厚 0.2～3 m 不等；砾石为直径 0.3～2 cm 左右的硅质岩，砾石磨圆度较好，其填隙物为砂质、磷质（胶磷矿），一般含 P_2O_5 1%～2%，高者达 5%以上（最高 22%）。本组在贺兰山中段苏峪口—金塔泉一带，岩性情况基本如上所述，无大变化；在苏峪口—镇木关—黄旗口冰沟一带厚度 30～40 m，岩性略有变化；青龙山厚仅 6.55 m，为砾岩夹薄层粉砂岩；老爷山一带底部为 11 m 厚的砾岩，向上则为白色石英砂岩与细砾岩互层，上述各地砾岩含磷甚低（$P_2O_5<1\%$）。

朱砂洞组　$\in\hat{z}$　（64-0015）

【创名及原始定义】　本组为冯景兰、张伯声于1952年在豫西地质调查时创名。初称“朱砂洞石灰岩系”，时代划归震旦纪，指震旦纪大石门石英岩之上、寒武纪馒头页岩之下的一套灰岩和碎屑岩。在嵩山地区自下而上分为四段：a. 底砾岩；b. 不规则薄层灰岩；c. 厚层状灰岩；d. 灰岩夹页岩。总厚度170 m。在平顶山一带为各色灰岩，间夹页岩，厚度121 m。

【沿革】　周志强、郑昭昌（1976）曾据1∶20万区调资料将该套碳酸盐岩建立五道淌组，且在宁夏一直沿用。本书依华北大区地层清理项目办1993年工作会议上研究商定属晋冀鲁豫地层区西缘和南缘有关地层分区，相当层位的岩石地层单元岩性组合基本一致，宜统一采用创名较早的朱砂洞组。故将五道淌组作为同物异名。

【现在定义】　本组指辛集组之上、馒头组之下的一套白云质灰岩。在宁夏主体岩性为白、深灰色中厚层白云岩、白云质灰岩，偶夹薄—中厚层灰岩，与下伏地层辛集组、上覆地层陶思沟组均为连续沉积。

【层型】　正层型在河南平顶山市朱砂洞附近（41-0302）。次层型为宁夏贺兰县五道塘剖面（位于贺兰县金山乡苏峪口磷矿区。起点坐标：105°54′，38°45′。宁夏第二地质队1975年测制）。

上覆地层：**陶思沟组**　黄—黄白色中厚层钙质砂岩、薄层灰岩

——————— 整　合 ———————

朱砂洞组	总厚度　47.99 m
9. 灰白色中厚层灰质白云岩	1.92 m
8. 乳白色薄层灰岩，夹少量乳白色中厚层灰岩	23.93 m
7. 深灰色厚—块状粉砂质灰质白云岩	22.14 m

——————— 整　合 ———————

下伏地层：**辛集组**　灰白色中厚层钙质长石粉砂岩

【地质特征及区域变化】　本组可以底部厚层白云岩底面与下伏辛集组顶部之粉砂岩、砂岩作为二者分界面；当上部厚—中厚层白云岩、白云质灰岩结束，向上则出现砂岩、薄层灰质岩组合，即可作为本组与上覆陶思沟组分界。由于本组以厚—中厚层白云岩、白云质灰岩为主体，识别标志清楚。

自苏峪口五道塘地区向北至贺兰山北段陶思沟、大井沟、王全口一带则缺失本组，陶思沟组直接超覆于王全口组之上。自苏峪口五道塘向南至镇木关、紫花沟、金塔泉一带（即贺兰山中段），厚度基本稳定在46～47 m，岩性无明显变化。至宁夏东南部同心县青龙山鸽堂沟附近厚度仅13.1 m，岩性以粉晶白云岩为主；再向东至固原县老爷山，厚度为47 m之灰白色厚层白云岩与黄色泥质白云岩互层。

陶思沟组　$\in t$　（64-0016）

【创名及原始定义】　本组为本次对比研究时新建的。创名剖面位于贺兰山北段陶思山中段，属宁夏石嘴山市，东距石炭井矿区约5 km，平汝（平罗—汝箕沟）铁路支线陶思沟车站西北2.4 km处（图3-3）。副层型为惠农县大井沟剖面，它位于惠农县简泉农场西北约8 km。其定义为：以由灰白、浅灰—灰黄色薄—中层细粒石英砂岩、白云岩（白云质灰岩）、薄层灰岩、灰绿色页岩等组成的若干基本层为特征，间夹鲕状灰岩透镜体和1～2层紫红色页岩；与

上覆胡鲁斯台组连续沉积，其下在贺兰山北段平行不整合覆于王全口组硅质白云岩之上，苏峪口以南则与朱砂洞组连续沉积。

【沿革】 早年杜恒俭（1950）曾将本组划入胡鲁斯台层下部。1955 年关士聪、车树政将贺兰山—桌子山寒武系统称阿不切亥系。1976 年周志强、郑昭昌结合 1∶20 万区调成果（据所产三叶虫化石）将其称为“毛庄组”，以后该名为历年来 1∶20 万区调所采用。后因创名省停用“毛庄组”，只保留毛庄阶。本区将相应地层体新创建为陶思沟组。

【现在定义】 同原始定义。

【层型】 正层型为石嘴山陶思沟剖面（位于石嘴山市石炭井西陶思沟。起点坐标：106°16′，39°13′。宁夏地质矿产勘察院地层清理组 1993 年测制）。

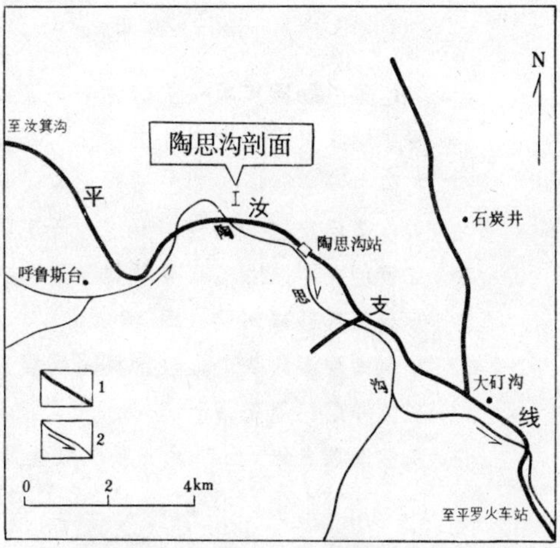

图 3-3 陶思沟剖面交通位置图

1. 铁路；2. 水系及流向；
图内公路基本沿沟谷，故从略

上覆地层：**胡鲁斯台组** 灰黄色中厚层砂质灰岩，夹灰绿、紫红色页岩

——————— 整 合 ———————

陶思沟组	总厚度 70.40 m
15. 浅灰—深灰色中层白云岩，中部夹 0.4 m 厚钙质石英岩	7.80 m
14. 灰白—浅灰色薄—厚层钙质石英砂岩、砂质灰岩	11.30 m
13. 浅灰—灰黑色厚层—块状白云岩	13.40 m
12. 灰—深灰色薄层灰岩夹灰—灰黄绿色页岩，产三叶虫：*Ptychoparia* sp.	8.50 m
11. 紫红色页岩	1.50 m
10. 上部中厚层鲕粒灰岩，下部灰—深灰色薄层灰岩夹灰—灰黄色页岩	4.20 m
9. 浅灰—灰白色中—薄层细粒石英砂岩夹少量灰—灰黄绿色页岩	5.00 m
8. 紫红色页岩	2.00 m
7. 浅灰—灰色中层白云岩	1.00 m
6. 浅灰—灰白色中—薄层细粒石英砂岩夹浅灰色页岩	3.30 m
5. 浅灰—灰黄色中层白云岩	3.50 m
4. 灰白—浅灰色中—薄层细粒石英砂岩，中部夹薄层白云岩、页岩	3.70 m
3. 浅灰—灰色中层白云岩夹少量钙质石英砂岩、页岩	2.00 m
2. 浅灰—灰白色薄层石英砂岩夹灰绿色页岩	1.30 m
1. 灰白—浅灰色薄—中层细粒石英砂岩、砂砾岩	1.90 m

——————— 平行不整合 ———————

下伏地层：**王全口组** 硅质白云岩

副层型为惠农县大井沟剖面（位于石嘴山市惠农县简泉农场西北 8 km 之大井沟。起点坐标：106°28′，39°09′。宁夏第二地质队 1975 年测制）。

上覆地层：**胡鲁斯台组** 灰绿色页岩夹薄层生物碎屑灰岩

——————— 整　合 ———————

陶思沟组	总厚度　91.09 m
23. 灰色薄层砂质灰岩夹灰白色中厚层石英砂岩及灰色中厚层结晶灰岩。在上部有一层薄层鲕状灰岩，含三叶虫：cf. *Saimachia* sp.	2.38 m
22. 灰色中厚层砂质灰质白云岩夹薄层石英岩状砂岩	8.63 m
21. 灰色薄层灰岩夹灰色中厚层砂质灰质白云岩	1.91 m
20. 灰黄色中厚层细粒石英砂岩与灰色中厚层砂质灰质白云岩互层，在白云岩中夹有含铜蓝石英砂岩两层，厚 10 cm	5.35 m
19. 灰色薄层泥质灰岩，底部见薄层假鲕状灰岩，含三叶虫：*Probowmania quadrata*	6.89 m
18. 灰色厚层泥质条带灰岩	6.20 m
17. 灰色薄层灰岩，底部见一层灰绿色页岩，含三叶虫：*Ptychoparia* ? sp.，*Probowmania* sp.	9.02 m
16. 灰色薄层灰岩及灰色厚层灰岩	4.15 m
15. 土黄色厚层中粒石英岩状砂岩与土黄色薄层灰岩互层	4.15 m
14. 上部土黄色中厚层含砾中粒石英岩状砂岩；中下部灰色薄层泥灰岩、灰褐色薄层竹叶状灰岩、灰褐色中厚层灰岩、灰白色薄层石英岩状砂岩互层	7.55 m
13. 灰褐色厚层角砾状砂质灰质白云岩、灰色薄层含砂质泥灰岩、灰白色厚层中粒石英岩状砂岩呈互层	3.40 m
12. 灰白、灰绿色薄层石英岩、白色页片状石英岩与紫红色页岩互层	8.30 m
11. 灰白色中厚层细粒石英岩状砂岩，中夹白色薄层细粒含海绿石石英岩状砂岩	7.04 m
10. 灰、灰绿色薄层与页片状石英岩互层	4.48 m
9. 杂色砾岩	11.64 m

—————— 平行不整合 ——————

下伏地层：王全口组　白色厚层石英岩

【地质特征及区域变化】　本组下部以砂岩、页岩、白云岩、灰岩为组合构成若干韵律层（基本层）；中、上部则砂岩层数渐减，递变为以少量砂岩、页岩、灰岩、白云岩组成的韵律层；直至顶部白云岩层消失，出现以灰绿色页岩、薄层灰岩、鲕状灰岩的岩石组合，即可作为本组与上覆胡鲁斯台组的分界。

自陶思沟—大井沟一线以北至贺兰山北端乌胡山至黑沙土一带，本组所含砂岩、白云岩有增多之势。以往 1：20 万区调曾误认为是王全口组（其实这里白云岩基本不含燧石结核、条带和叠层石，且常夹有少量薄层灰岩、页岩等）。在贺兰山中段，苏峪口地区岩性与陶思沟一带相仿，但厚度仅 28.8 m；向南至紫花沟厚度增至 374.3 m，其岩性以肉红色中—厚层白云岩、白云质灰岩、灰岩与石英砂岩组成之韵律层为主体，薄层灰岩、页岩（板岩）相对减少；金塔泉剖面厚度为 89.14 m，其下部以薄层泥质条带灰岩为主，夹钙质石英砂岩，顶部为厚层块状白云岩。宁夏东南部之同心县青龙山鸽堂沟剖面，厚度 109.5 m，除底部见石英砂岩外，向上则以薄层灰岩、中厚层鲕状灰岩为主，后者多白云石化，而成为白云岩、白云质灰岩。

综上所述，本组自贺兰山北段向南经王全口、陶思沟、大井沟等地及贺兰山中段苏峪口—金塔泉一带，并向宁夏东南部同心县青龙山延伸，长达 300 余公里。其厚度变化较大，但总的有以紫花沟为中心，向北、向南变薄趋势。岩性组合似自北向南碎屑岩减少、碳酸盐岩逐渐增加。

胡鲁斯台组　∈*h*　（64－0017）

【创名及原始定义】 1950年杜恒俭据贺兰山北段陶思沟剖面而创名胡鲁斯台层。原始定义为："中寒武纪早期胡鲁斯台层：上部竹叶状石灰岩、深灰色泥质页岩及棕色砂岩互层，厚约200 m；中部薄层浅灰、深灰色石灰岩含三叶虫化石，厚约130 m；下部薄层灰色石灰岩，厚约50 m。上覆石炭二叠纪地层逆掩断层接触；下伏地层震旦纪贺兰山系石英岩。"

【沿革】 1964年卢衍豪认为贺兰山区可以建立一些地方性的地层名称，以示与华北有所区别，故建议采用胡鲁斯台组一名代表与华北徐庄组相当的地层。1976年周志强、郑昭昌及1978—1990年1∶20万区域地质调查工作中又改称徐庄组。本书认为卢氏启用胡鲁期台组一名的建议应予采纳，并重新厘定其含义。

【现在定义】 本组与上覆阿不切亥组、下伏陶思沟组均呈整合接触，其总体岩性为灰绿、紫红色页岩与薄—中厚层灰岩、泥质条带灰岩呈不等厚互层，间夹鲕状灰岩、竹叶状灰岩。

【层型】 正层型为石嘴山陶思沟剖面（位于石嘴山市石炭井西陶思沟。起点坐标：106°16′，39°13′。1976年周志强测制；宁夏区测队1977年重测）。

上覆地层：**阿不切亥组** 灰白色薄层灰岩，上部夹鲕状灰岩

—————— 整 合 ——————

胡鲁斯台组 总厚度 200.70 m

22. 紫红、灰绿、褐红色页岩，夹2～3层薄层砂质灰岩，底部有一层40 cm厚的灰绿色细粒石英砂岩。产三叶虫：Proasaphiscidae 18.10 m
21. 灰白色薄层灰岩，底部有3～4m中厚层竹叶状灰岩。自上而下产三叶虫化石3层：(3)、(2) *Bailiella* sp.；(1) Proasaphiscidae 13.10 m
20. 下部灰黑色薄层泥质条纹鲕状灰岩，上部灰白色薄层竹叶状灰岩。自上而下（下同）产三叶虫化石2层：(2) Proasaphiscidae；(1) *Inouyops* sp.，*Solenoparia* sp.，Proasaphiscidae 47.80 m
19. 灰绿色页岩夹薄—中厚层砂质灰岩，生物碎屑灰岩。顶部夹1层1 m厚的中层鲕状、竹叶状灰岩。产三叶虫化石7层：(7) *Solenoparia* sp.；(6) *Metainouyia* sp.，*Sulcinouyia* sp.，*Zhuozishania* sp.；(5) *Sunaspidella* sp.；(4)、(3) *Sunaspidella* sp.，Ordosiidae；(2) *Pseudoinouyia* sp.，*Leiaspis* sp.，Ordosiidae；(1) *Pseudoinouyia* sp.，Proasaphiscidae 72.30 m
18. 灰黄色薄层泥质条带灰岩，顶部夹一层鲕状灰岩。产三叶虫化石4层：(4) *Helanshania* sp.，*Proasaphiscinia* sp.；(3) *Kootenia* sp.，Inouyiidae，Proasaphiscidae；(2) *Kootenia* sp.；(1) *Solenoparia* sp. 24.90 m
17. 灰黑色中厚层鲕状灰岩夹砾状灰岩。产三叶虫化石6层：(6) Ptychopariidae；(5) *Kootenia* sp.；(4) *Pagetia* sp.，*Solenoparia* (*Plesisolenoparia*) sp.，*Monanocephalus* sp.，Antagmiidae；(3) *Pagetia jinnanensis*；(2)、(1) *Solenoparia* (*Plesisolenoparia*) sp. 17.30 m
16. 灰黄色中厚层砂质灰岩，夹灰绿、紫红色页岩。产三叶虫化石8层：(8)、(7) *Luaspides* sp.；(6) *Luaspides* sp.，*Solenoparia* (*Plesisolenoparia*) sp.，*Parachittidilla* sp.；(5) *Solenoparia* (*Plesisolenoparia*) sp.，*Parachittidilla* sp.；(4) *Pagetia jinnanensis*，*Solenoparia* (*Plesisolenoparia*) sp.；(3) *Parachittidilla* sp.，*Parainouyia* sp.，*Monanocephalus* sp.；(2) *Zhongtiaoshanaspis* sp.，Solenoparids，Antagmiidae；(1) *Luaspides* sp. 7.20 m

—————— 整 合 ——————

下伏地层：**陶思沟组** 浅灰—深灰色中层白云岩，中部夹0.4 m钙质石英砂岩

【地质特征及区域变化】 本组由页岩与薄层泥质条带灰岩、鲕状灰岩构成，以开始大量出现砂质灰岩、薄层泥质条带灰岩、灰绿色页岩为本组识别标志。正层型陶思沟剖面厚度为200.7 m，其下部以砂质灰岩夹灰绿色页岩始，向上见鲕状灰岩、薄层泥质条带灰岩，继而出现一套灰绿色页岩为主夹薄—中厚层砂质灰岩、生物碎屑灰岩。该段碳酸盐岩不甚稳定，自剖面向东北能追索不足200 m，近底部厚度17.3 m（第17层）之鲕状灰岩、砾状灰岩即几乎全为灰绿色页岩替代；上部则为薄层泥质条纹鲕状灰岩、竹叶状灰岩；顶部以灰绿色页岩为主，夹少量紫红色页岩、灰岩。在贺兰山北段大体情况与上述剖面相似，值得注意的是，本组近底部灰绿色页岩中夹一层红—紫红色页岩（厚0.5～1 m），顶部有两层厚10～30 cm的红—紫红色页岩，它们可作为划分本组顶、底界的辅助标志。贺兰山中段苏峪口—金塔泉一带，厚度144.6～203.8 m，主要岩性亦与贺兰山北段类似，近底部灰绿色页岩中仍有一层紫红色页岩（厚1～2 m），但顶部灰绿色页岩中普遍未见夹紫红色页岩。紫花沟剖面本组厚度200.6 m，除中上部见薄层灰岩夹鲕状灰岩外，其余几乎全由灰绿色页岩组成。同心县青龙山鸽堂沟剖面厚度144.4 m，岩性为薄—中层鲕状灰岩系与紫红色钙质页岩、页岩呈不等厚互层，其中灰绿色页岩明显减少。

阿不切亥组 ∈O*a* (64-0018)

【创名及原始定义】 1955年关士聪、车树政将贺兰山—桌子山的寒武系统称阿不切亥系。原始定义为：“寒武纪阿不切亥系下部多为厚层及薄层不纯石灰岩的互层，间夹石英砂岩层；中部为鲕状、肾状及球状（分裂藻）的厚层灰岩；上部为薄层竹叶状石灰岩夹页岩层；最上部并局部夹紫色砂质页岩层。含三叶虫和腕足类化石，全层厚度120～150 m。下伏地层：震旦纪西勒图石英岩系，上覆下奥陶纪三道坎石英岩及石灰岩互层。”

【沿革】 1950年杜恒俭将贺兰山的寒武系曾统称为胡鲁斯台层，1955年关士聪、车树政将贺兰山—桌子山区的寒武系又以阿不切亥系命名之。1962年卢衍豪鉴于“贺兰山、桌子山两区整个寒武系岩性与华北的不完全一样”，提出贺兰山、桌子山区的寒武系可建立一些地方性地层名称以示与华北有所区别。他建议用胡鲁斯台组代表与华北徐庄组相当的地层；将关、车二氏建立的阿不切亥系改称阿不切亥组，用于代表胡鲁斯台组之上相当华北张夏组的一段地层。之后在1：20万区调和有关寒武系研究的著作中（周志强、郑昭昌，1976），多按所含化石将本组自下而上划分为张夏组、崮山组、长山组、凤山组。本书据已有资料和野外核查结果认为，以上划分的四个组为年代地层单位概念；胡鲁斯台组之上、马家沟组之下的一套地层实难以划定更多组一级岩石地层单位，故将其统称阿不切亥组。

【现在定义】 本组下部以薄层泥质条带灰岩为主，夹竹叶状、鲕状灰岩透镜体及少量灰绿色页岩；中、上部则为薄层泥质条带灰岩夹中—薄层白云质灰岩、白云岩，偶见竹叶状灰岩透镜体。其与下伏胡鲁斯台组、上覆马家沟组均为连续沉积。本组与下伏胡鲁斯台组的分界，可以本组底部大量出现薄层泥质条带灰岩和胡鲁斯台组顶部之灰绿色页岩（夹紫红色页岩）接触面作为分界。在剖面上，当薄层泥质条带灰岩、竹叶状灰岩等及灰—深灰色厚—中厚层白云岩（且基本不含薄层泥质条带灰岩）替代处，即为本组与上覆马家沟组的分界。

【层型】 正层型位于内蒙古岗德尔山东山口水泥厂东北4 km处阿不切亥沟附近的阿不切亥沟剖面（64-0018），但以贺兰五道塘剖面发育较好，可为本组次层型（位于宁夏贺兰县金山乡苏峪口磷矿区。起点坐标：105°54′，38°45′。宁夏第二地质队1975年测制）。

上覆地层：**马家沟组**　灰色薄—中厚层含灰质白云岩夹少量薄层白云岩及一层橙色中厚层铁染含灰质白云岩

——————— 整　合 ———————

阿不切亥组　　总厚度　639.44 m

65. 淡灰色薄层灰岩　10.19 m
64. 灰色薄—中厚层灰岩与灰色中厚层白云岩互层　10.60 m
63. 灰色薄—中厚层灰岩夹极少量灰色薄层竹叶状灰岩　11.02 m
62. 深灰色薄层与中厚层结晶白云岩等厚互层　26.45 m
61. 灰色块状结晶白云岩　11.38 m
60. 由灰色厚层块状白云质灰岩、灰—灰白色中厚层竹叶状灰岩（仅12 cm厚）、中厚层具泥质条带灰岩、灰绿色中厚层含黄铁矿泥质灰岩、灰色中厚层灰质条带白云岩组成，产三叶虫 *Pagodia* 化石碎片　14.85 m
59. 灰绿、黄褐色中厚层泥质条带灰岩　48.42 m
58. 浅黄绿色薄层灰岩与淡灰色厚层泥质条带灰岩互层　6.09 m
57. 深灰色薄层微晶灰岩与灰色中厚层灰岩互层，中夹少量竹叶状灰岩　14.64 m
56. 灰黑色薄层与灰黑色中厚层灰岩不等厚互层，中夹少量中厚层竹叶状灰岩　26.78 m
55. 灰黑色中厚层白云岩　2.80 m
54. 浅灰色中厚层泥质条带灰岩夹中厚层灰岩，少量深灰色厚层白云岩、紫红色薄层竹叶状灰岩　21.44 m
53. 深灰色厚层白云岩夹灰色中厚层灰岩　8.96 m
52. 灰白色薄—中厚层泥质条带灰岩　2.86 m
51. 灰—灰白色中厚层竹叶状灰岩　5.14 m
50. 厚层灰岩与灰色泥质条带状灰岩互层　1.43 m
49. 灰色薄层与厚层块状灰岩互层。块状灰岩中夹含泥质竹叶状灰岩　11.63 m
48. 深灰—灰黑色假鲕状块状含灰质白云岩，中夹一层厚为20 cm含泥质菱铁矿灰岩及薄层灰岩　15.91 m
47. 灰色薄层泥质条带灰岩夹灰白色中厚层竹叶状灰岩及少量灰黑色薄层灰岩　87.39 m
46. 灰色薄层泥质条带灰岩夹灰白色中厚层竹叶状灰岩及少量灰黑色薄层灰岩。产三叶虫：*Poshania* sp.　49.9 m
45. 灰—灰白色页片状灰岩　3.68 m
44. 灰色厚层泥质条带灰岩夹少量灰白色中厚层鲕状、竹叶状灰岩　45.5 m
43. 灰色厚层泥质条带灰岩　27.72 m
42. 灰色厚层泥质条带灰岩夹中厚层竹叶状灰岩及少量中厚层灰岩及中厚层鲕状灰岩　65.34 m
41. 灰色薄层灰岩夹中厚层灰岩　10.85 m
40. 灰色页片状灰岩与灰绿色页岩互层，中夹有灰色薄层灰岩　8.37 m
39. 灰色厚层泥质条带状灰岩夹数层灰岩、厚—中厚层竹叶状鲕状灰岩。含三叶虫：*Szeaspis* sp.　16.42 m
38. 灰色薄层灰岩夹中厚层灰岩　15.37 m
37. 灰、灰白色页片状灰岩与灰绿色页岩略等厚互层，夹有数层灰色中厚鲕状灰岩。含三叶虫：*Manchuriella* sp.　13.86 m
36. 灰色厚层泥质条带灰岩夹两层中厚层鲕状灰岩。含三叶虫：*Protohedinia* sp.，*Aojia* sp.　38.22 m
35. 灰色薄层灰岩　6.23 m

——————— 整　合 ———————

下伏地层：**胡鲁斯台组**　灰绿色页岩夹少量灰—灰白色薄层灰岩

【地质特征及区域变化】　本组以大量出现薄层泥质条带灰岩为主要特征，夹少量竹叶状灰岩、鲕状灰岩、页岩等；中、上部常夹数量不等的薄—中厚层白云岩、白云质灰岩。

上述位于贺兰山中段的五道塘剖面厚639.44 m，其岩石组合如上列剖面。向南至紫花沟剖面厚度增至871.3 m，其主要特征与次层型一致，但它基本不含白云岩、白云质灰岩；至大窑沟剖面，未见底，厚度大于254.2 m，其中、上部夹中—薄层白云岩、白云质灰岩。贺兰山北段，本组常为土坡组超覆，未见与马家沟组的分界，厚度在百余米左右，岩性则以薄层灰岩、泥质条带灰岩夹竹叶状灰岩为主，基本未见白云岩、白云质灰岩夹层。南部同心县青龙山鸽堂沟剖面厚度433.6 m，下部以薄层灰岩、薄层鲕状灰岩为主，上部则以薄—中厚层细晶白云岩为主，夹薄层鲕状灰岩、竹叶状灰岩。至固原老爷山剖面厚度70.88 m，下—中部为灰色薄层灰岩与钙质页岩互层，上部为薄—中厚层灰岩、泥质条带灰岩、鲕状灰岩，夹少量页岩。

综上所述，本组在区域内总体上由薄层（泥质条带）灰岩、鲕状、竹叶状灰岩等组成，其中，上部常夹数量不等的白云岩、白云质灰岩，其出现层位在小范围内多寡不定，有别于三山子组，与华北炒米店组亦有不少差异，故其岩石地层单位名称不宜在本区采用。

香山群　$\in X$　**(64-0047)**

【创名及原始定义】　宁夏区调队（1965）在同心、中卫地区进行1：20万区域地质调查时，建立了香山群，其原始定义为："由灰绿色轻变质砂岩、板岩、灰岩、硅质岩等组成。上部夹少量海底火山喷发和浅成侵入的辉绿岩，可见最大厚度达8 812 m。因在香山地区发育较为完整，故命名为香山群。按沉积旋回和岩性组合将香山群分为四个亚群。确定其时代属中寒武世。"

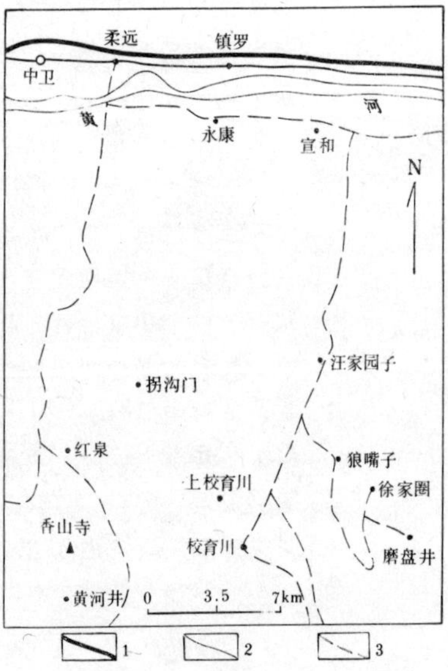

图3-4　香山群各组、段命名地交通位置图

1. 铁路；2. 公路；3. 大路

【沿革】　本群在50年代以前多被划为"南山系"的一部分（边兆祥等，1954）。同心幅野外工作初期（1960），在建立香山群的同时，曾对该群试图建立几个组级地层单位，但在最终报告中未予采用，而是自下而上划为一、二、三、四亚群。本书据近年来1：5万区域地质调查新资料①，按岩石组合特征自下而上建立徐家圈组、狼嘴子组、黄河井段和磨盘井组。

【现在定义】　本组由灰绿色轻变质长石石英砂岩、板岩、粉砂质板岩、灰岩、硅质岩、砾岩、角砾岩等组成，其下部未见底；上部与上覆照花井组呈不整合接触。新建各组、段命名地位置见图3-4。

【层型】　正层型为同心喜雀梁—磨盘井剖面（宁夏区测队，1965）。

【地质特征及区域变化】　本群以巨厚的碎屑岩、泥岩为主体，夹薄层灰岩、硅质岩等为特征，受到轻微变质（泥岩大多变质为板岩）地层体的野外宏观色调为灰绿—灰黄绿色，区

① 宁夏地质矿产勘察院，1995，1：5万宣和幅、上校育川幅、下流水幅区域地质调查报告。

域延伸变化详见本群所属各组。

徐家圈组　∈x　(64-0036)

【创名及原始定义】　系宁夏地质矿产勘察院在本次对比研究据近年来1∶5万区调新资料而创名。定义为：下部为灰色砾岩、角砾岩、含砾板岩及板岩，未见底；往上为灰绿色轻变质中细粒长石石英砂岩及杂砂岩、灰绿色板岩及千枚状板岩，顶部为在区域内分布较稳定的灰—深灰色中—薄层微晶灰岩夹灰绿色板岩、千枚状板岩或灰绿色细粒长石石英砂岩等。与上覆地层狼嘴子组整合接触。本组在贺兰山南段相变为白云质角砾岩夹板岩等。

【沿革】　本组创名前最早归属南山系一部分（边兆祥，1954）。1965年宁夏区测队进行1∶20万区调时创名香山群，在所划分的四个亚群中，徐家圈组大体属第一亚群上部—第二亚群（据近年来1∶5万区调资料认为，原香山群第一亚群下部薄层灰岩应归属米钵山组）。

【现在定义】　同原始定义。

【层型】　正层型为同心县米钵山—后井子剖面（位于同心县张大井正南2.5 km。起点坐标：105°31′，37°13′。宁夏地质矿产勘察院1991年测制）。

上覆地层：**狼嘴子组**　黄绿—灰绿色中层轻变质微—细粒长石石英砂岩夹黄绿色粉砂质板岩

——————整　合——————

徐家圈组　　总厚度>1 747.70 m

37. 灰—深灰绿色薄层微晶灰岩，下部夹灰—深灰绿色千枚状板岩　18.90 m
36. 黄绿色板岩、灰绿色中层轻变质细粒泥质长石石英砂岩夹少量深灰色薄层微晶灰岩　20.80 m
35. 灰色中—薄层微晶灰岩，下部夹灰绿色板岩。灰岩中发育沙纹层理　27.10 m
34. 黄绿色板岩、粉砂质板岩夹少量灰色薄—中层轻变质钙质粗粉砂岩。中部夹一层灰绿色中层轻变质微—细粒长石石英杂砂岩　37.40 m
33. 黄绿色粉砂质板岩、板岩与灰绿色厚—中层轻变质微粒泥质长石石英砂岩、灰色中—薄层轻变质钙质粗粉砂岩互层　105.10 m
32. 黄绿色粉砂质板岩、板岩。其中发育沙纹层理　37.50 m
31. 灰绿色中—厚层轻变质微粒泥质长石石英砂岩与黄绿色板岩、粉砂质板岩互层，其中夹灰绿色中—薄层轻变质钙质粗粉砂岩。钙质粗粉砂岩发育沙纹层理　106.50 m
30. 黄绿色粉砂质板岩、板岩夹灰绿—黄绿色轻变质钙质粗粉砂岩。钙质粗粉砂岩发育沙纹层理　109.70 m
29. 灰绿色中厚层轻变质微粒泥质长石石英砂岩与黄绿—灰绿色板岩、粉砂质板岩互层　99.50 m
28. 灰绿色中—厚层轻变质微粒泥质长石石英砂岩夹黄绿—灰绿色板岩。砂岩底面发育槽模构造　108.70 m
27. 黄绿色板岩夹灰绿色中层轻变质微粒泥质长石石英砂岩及一层灰色薄层含粉砂质泥质灰岩。泥质灰岩发育沙纹层理　28.30 m
26. 灰绿色厚层轻变质微粒泥质长石石英砂岩　104.30 m
25. 灰色中层轻变质钙质中—细砾岩夹灰绿色板岩，中部见一层厚约1.0 m的灰绿色含卵石微粒长石石英杂砂岩。中—细砾岩的砾石成分以脉石英及硅质岩为主，板岩次之，填隙物为泥、砂质组分　9.40 m
24. 灰色中—厚层轻变质泥质砂砾岩、含砾微粒长石石英杂砂岩夹黄绿色板岩。砂砾岩及含砾砂岩中的砾石成分以脉石英、硅质岩为主，板岩次之；砾径为0.3～0.5 cm；填隙物为泥砂质组分　7.60 m
23. 灰绿色厚层轻变质微粒长石石英砂岩夹少量黄绿色板岩　6.60 m

22. 黄绿色板岩夹灰绿色中层轻变质微粒长石石英杂砂岩，近底部夹一层黑色板岩　22.50 m

21. 灰绿色巨厚层轻变质细—微粒长石石英杂砂岩夹少量黄绿色板岩。顶部的砂岩底面发育槽模　40.90 m

20. 灰绿色板岩、粉砂质板岩夹少量灰绿色厚—中层轻变质微粒泥质长石石英砂岩、灰色薄层微—细粒钙质长石石英砂岩。厚—中层砂岩底面有时见灰绿色板岩小砾石　43.30 m

19. 灰绿色厚层轻变质不等粒泥质长石石英砂岩夹少量黄绿色板岩、粉砂质板岩　71.80 m

18. 黄绿—灰绿色板岩夹灰绿色中层轻变质微粒泥质长石石英砂岩及灰色薄层粉砂质灰岩。粉砂质灰岩发育交错层理　26.50 m

17. 灰绿色中—厚层轻变质细—微粒泥质长石石英砂岩夹黄绿色板岩，中部夹一层厚45 cm的灰色粉砂质灰岩。粉砂质灰岩中发育交错层理　34.30 m

16. 灰绿色厚—中层轻变质细—微粒长石石英砂岩与黄绿色含粉砂质板岩互层　63.10 m

15. 灰绿色中—厚层轻变质细—微粒泥质长石石英砂岩夹黄绿色板岩　205.80 m

14. 灰绿—黄绿色板岩夹少量灰绿色轻变质细粒泥质长石石英砂岩　9.70 m

13. 黄绿—灰绿色中—厚层轻变质微—细粒长石石英杂砂岩夹少量黄绿色板岩　60.00 m

12. 灰绿色中厚层轻变质细—微粒长石石英杂砂岩夹少量黄绿—灰绿色板岩。砂岩底面发育槽模，板岩中发育沙纹层理　70.10 m

11. 黄绿—灰绿色板岩夹灰绿色中层轻变质细—微粒长石石英杂砂岩。砂岩底面发育槽模　38.60 m

10. 灰绿色中—厚层轻变质细—微粒长石石英杂砂岩夹灰绿色板岩　28.40 m

9. 灰绿色千枚状绢云母板岩夹灰绿色轻变质钙质微粒长石石英砂岩　>70.90 m

8. 黄绿色中—厚层块状细粒长石石英砂岩　28.90 m

7. 黄绿色板岩、粉砂质板岩　7.80 m

6. 黄绿色厚层—块状细粒长石石英砂岩　30.00 m

5. 黄绿色粉砂质板岩夹黄绿色中—厚层细粒长石石英砂岩　10.30 m

4. 黄绿色厚层细粒长石石英砂岩夹黄绿色板岩、砂质板岩　20.10 m

3. 黄绿色厚层细粒长石石英砂岩　22.60 m

2. 灰—深灰色粗砾岩　2.30 m

1. 灰绿色板岩夹薄层钙质粉砂岩（未见底）　>12.40 m

【地质特征及区域变化】　本组主体岩性为灰绿—黄绿色变质长石石英（杂）砂岩夹黄绿色板岩、砂质板岩，二者常形成韵律性互层（用鲍马序列描述为a、e层），砂岩以呈块状居多，岩层底面常发育槽模构造，板岩多具沙纹层理；砾岩多分布于下部，砾石大多呈次棱角状，以灰岩为主，直径1～10 cm，大者达30～40 cm；接触式胶结，填隙物为泥砂质。本组顶部为一套厚度在60～200余米之薄层微晶灰岩夹灰绿—黄绿色千枚状板岩、板岩、钙质板岩和变质长石石英砂岩等，在区域内分布稳定，一般可以本组最顶部的薄层灰岩（厚度5～30 m）之顶面，作为与上覆狼嘴子组分界。本组未见底。东部中宁石门井厚度大于2 602.3 m，徐家圈一带向西上石棚黑龙井剖面厚度1 558.2 m。在贺兰山南段，内蒙古阿拉善左旗马夫峡子南石盆井沟测得本组厚度为1 395.5 m，岩性大体与香山地区相仿，但其顶部为厚度78.7 m的褐黄色薄层含硅质白云质细晶灰岩。由此剖面向北至内蒙古阿拉善左旗新井以北的磨石沟—毛土坑山地区，本组呈一套巨厚的黄褐—深灰色硅质、白云质角砾岩为主，夹灰绿、浅灰色板岩、千枚岩和薄层—厚层灰岩，见少量白云质灰岩、白云岩等，总厚度达4 900 m以上；角砾岩的角砾呈棱角—次棱角状，少数呈次圆状，直径0.5～15 cm不等，个别大者可达0.5 m，分选差，时有角砾依大小不同略有分选，而显现粒序层理，角砾成分以硅质白云岩、白云岩为主，次有少量石英岩、燧石、灰岩等，胶结类型为基底式—接触式。上述这套角砾岩自新井地区向西至腾格里沙漠内之通湖山地区，亦较为发育，呈现沿华北克拉通的大陆边缘形成若干大小不等的“角砾岩体”，属大陆斜坡下的深水碎屑流沉积（水道沉积）。目前从岩石地层单位的描述与划分角度看，“角砾岩体”位于狼嘴子组之下，二者间为连续沉积，虽岩石组合特征与本组正层型有一定差异，且规模大小不一，变化大，其区域分布及对比尚需进一步调查和研究，故目前不宜另立新的岩石地层单位。

狼嘴子组　$\in l$　（64－0037）

【创名及原始定义】　系宁夏地质矿产勘察院在本次对比研究据1：5万区调新资料而创名。定义为：狼嘴子组与下伏地层徐家圈组整合接触。其岩性为灰绿色轻变质中细粒长石石英砂岩、杂砂岩夹灰绿色千枚岩、板岩含少量灰岩透镜体。上部浅红—灰白色含硅质微晶白云岩、灰—深灰色、紫红色燧石岩、碧玉岩、硅质岩夹灰绿—紫红色板岩、千枚状板岩等组合，区域分布稳定，标志明显（即黄河井段）。与上覆地层磨盘井组整合接触。

【沿革】　本组早年为“南山系”一部分（边兆祥，1954）。1965年宁夏区测队建立香山群后，本组相当于该群第三亚群，以此为基础建立狼嘴子组，并将其上部燧石岩、硅质白云岩部分创名为黄河井段。

【现在定义】　同原始定义。

【层型】　正层型为同心米钵山—后井子剖面(位于同心县张大井正南2.5 km。起点坐标：105°31′，37°13′。宁夏地质矿产勘察院1991年测制)。

上覆地层：**磨盘井组**　灰绿色厚层轻变质微—细粒长石石英砂岩夹极少量黄绿色粉砂质板岩

——————　整　合　——————

狼嘴子组	总厚度＞591.00 m
黄河井段（第52、51层）	厚度＞64.10 m
52. 上部灰绿色板岩夹灰绿色中层燧石岩。下部紫红色板岩夹浅红—灰白色中层含硅质微晶白云岩	20.60 m
51. 灰—深灰色薄—中层燧石岩夹少量灰色含硅质微晶白云岩及灰色千枚岩	43.50 m

——————　整　合　——————

50. 灰色千枚岩	＞3.80 m
49. 灰绿—黄绿色板状千枚岩夹少量灰绿色轻变质微粒泥质长石石英砂岩。顶部见有紫红色板岩	＞84.80 m
48. 灰绿色中—厚层轻变质微—细粒长石石英砂岩夹黄绿色粉砂质板岩	58.80 m
47. 灰绿色千枚岩夹少量灰绿色轻变质微粒长石石英砂岩透镜体	15.50 m
46. 灰绿色中—厚层轻变质微粒长石石英砂岩夹少量灰绿色千枚状板岩	46.50 m
45. 灰绿色千枚状粉砂质板岩、黄绿色板岩夹灰绿色中层轻变质微粒泥质长石石英砂岩	30.10 m
44. 灰绿色中—厚层轻变质微粒泥质长石石英砂岩夹少量黄绿色板岩	67.60 m
43. 灰绿色千枚状粉砂质板岩夹灰绿色中—厚层轻变质微粒泥质长石石英砂岩	23.10 m
42. 灰绿色厚层轻变质微—细粒长石石英杂砂岩夹少量黄绿色板岩	41.80 m
41. 灰绿色板岩、千枚状板岩夹灰—深灰色薄层微晶灰岩。底部尚有一层厚1 m的灰绿色轻变质微粒长石石英砂岩	58.30 m
40. 灰绿色厚—巨厚层轻变质微—细粒泥质长石石英砂岩夹少量黄绿色板岩、粉砂质板岩	62.00 m
39. 灰—深灰色薄层微晶灰岩夹灰—深灰色板岩	6.90 m

38. 黄绿—灰绿色中层轻变质微—细粒泥质长石石英砂岩夹黄绿色粉砂质板岩　27.70 m

——整　合——

下伏地层：**徐家圈组**　灰—深灰绿色薄层微晶灰岩，下部夹一层灰—灰绿色千枚状板岩

【地质特征及区域变化】　本组正层型下部为灰绿色变质长石石英砂岩夹板岩及少量薄层灰岩，后者常呈数厘米至数十厘米的夹层，沿走向呈断续条带状、透镜体状；顶部即为新建立的黄河井段（$\in^{h}$），为一套以燧石岩、碧玉岩、硅质岩、硅质微晶白云岩为主体，夹紫红、灰绿色板岩、千枚岩。其界线划分，一般以始现硅质岩或白云岩（灰白—浅红、风化面黄褐色）为黄河井段的底界，其上以大量出现之灰绿色厚层轻变质中细粒长石石英砂岩的底面作为本段与上覆磨盘井组的分界，此等划分标准适用全区范围。

本组厚度在香山地区东部（米钵山南麓、石门井、喜雀梁等地）厚度545～910.9 m，向西至香山寺增至2 048 m，向北至贺兰山南段内蒙古阿拉善左旗马夫峡子地区石盆井剖面为2 031.6 m。黄河井段的厚度变化较大，正层型剖面厚度64.1 m（占本组厚度的1/9）；而米钵山—喜雀梁剖面、石门井—狼嘴子剖面分别为475.9 m、281.2 m，均占本组厚度1/2有余；至贺兰山南段阿拉善左旗马夫峡子剖面为989.4 m（占本组总厚度近1/2）。

黄河井段　$\in^{h}$　**（64-0065）**

本段为建立狼嘴子组时，考虑到该组顶部一套“岩性为浅红、灰白、杂色硅质微晶白云岩、灰黑色燧石岩、灰绿色硅质板岩、紫红色铁质碧玉岩、深灰色硅质、杂色薄层硅质岩等夹紫红、灰绿色板岩、千枚状板岩”，在区域内分布相对稳定，是香山群划分和对比上的重要标志，因而建立了一个正式段。该段与上覆磨盘井组连续沉积，它的岩石组合特征是以硅质白云岩、各类硅质岩为主体夹板岩、千枚岩，由于上述主体岩性抗风化能力强，常突出地表形成陡峭的山脊，野外易于划分。有关本段划分沿革、区域变化、层型等，见狼嘴子组。

磨盘井组　$\in m$　**（64-0038）**

【创名及原始定义】　本次对比研究在宁夏区测队（1965）建立的香山群第四亚群的基础上，结合1∶5万区调新资料新命名的一个组。定义为：磨盘井组与下伏地层狼嘴子组整合接触。其岩性为灰绿色中—厚层轻变质中细粒长石石英砂岩，夹少量灰绿色板岩、砂质板岩、千枚状板岩等。照花井组或老君山组呈不整合覆于其上。

【沿革】　为“南山系”的一部分（边兆祥，1954），1965年宁夏区测队在同心幅1∶20万区域地质调查时，将其划为香山群第四亚群。本书作者提出建立本组。

【现在定义】　同原始定义。

【层型】　正层型为同心米钵山—后井子剖面（位于同心县张大井正南2.5 km。起点坐标：105°31′，37°13′。宁夏地质矿产勘察院1991年测制）。

上覆地层：**老君山组**　灰紫、灰绿色中层钙质中—粗砾岩

～～～～～～不整合～～～～～～

磨盘井组　总厚度　1 093.00 m

64. 灰绿色中—厚层轻变质微—细粒泥质长石石英砂岩夹灰绿—黄绿色板岩、灰绿色中层微粒钙质长石石英砂岩，砂岩发育水平纹层　132.50 m

63. 灰绿色厚—巨厚层轻变质微—细粒泥质长石石英砂岩夹少量黄绿色板岩。上部夹两层灰绿色薄层轻变质微粒钙质长石石英砂岩。钙质砂岩发育水平纹层、沙纹层理　40.90 m

62. 灰绿色厚—巨厚层轻变质微—细粒泥质长石石英砂岩　126.60 m

61. 灰绿色中—厚层轻变质微—细粒泥质长石石英砂岩，偶夹灰绿色粉砂质板岩 169.70 m
60. 灰绿色薄—中层轻变质微粒钙质长石石英砂岩夹黄绿色板岩、粉砂质板岩 28.00 m
59. 灰绿色中—厚层轻变质微—细粒长石石英杂砂岩夹极少量灰绿—黄绿色板岩 131.30 m
58. 灰绿色厚—巨厚层轻变质微—细粒长石石英砂岩夹黄绿色粉砂质板岩 30.90 m
57. 灰绿色厚—巨厚层轻变质微—细粒泥质长石石英砂岩夹少量黄绿色粉砂质板岩 36.30 m
56. 灰绿色厚—巨厚层轻变质微—细粒泥质长石石英砂岩，偶夹灰绿色板岩 127.70 m
55. 灰绿色轻变质微—细粒泥质长石石英砂岩 72.80 m
54. 灰绿色中—厚层轻变质微—细粒泥质长石石英砂岩夹少量黄绿、灰绿色板岩。砂岩底面见冲刷构造 152.90 m
53. 灰绿色厚层轻变质微—细粒泥质长石石英砂岩夹极少量黄绿色粉砂质板岩 43.40m

———— 整 合 ————

下伏地层：**狼嘴子组黄河井段** 灰绿色板岩夹灰色中层状燧石岩

【地质特征及区域变化】 本组以厚—中厚层绿—黄绿色细粒变质长石石英砂岩为主体，夹少量灰绿色板岩、砂质板岩、千枚状板岩，宏观标志极为明显。其正层型厚度为 1 093 m，石门井—狼嘴子剖面厚度大于 144.8 m，米钵山—喜雀梁剖面和中卫吕家新庄之南井沟剖面厚度分别为 1 074.1 m、1 428 m，贺兰山南段马夫峡子南石盆井剖面厚度在 2 533.1 m 以上。

综上所述，香山群各组的岩性变化总的趋势如图 3-5。

图 3-5 香山群横剖面图

1. 角砾岩；2. 砂岩；3. 板岩；4. 薄层灰岩；5. 白云岩；6. 硅质岩

马家沟组 *Om* (64-0012)

【创名及原始定义】 为葛利普（A W Grabau）1922 年创名，原称马家沟石灰岩，指河北省唐山市马家沟附近产珠角石（*Actinoceras*）的石灰岩，又称珠角石石灰岩。

【沿革】 1965 年宁夏区测队在进行同心幅 1：20 万区调时，将同心县米钵山—天景山地区奥陶系下部一套以碳酸盐岩为主的地层命名为天景山组，在以后1：20万区调时，将其扩大到贺兰山区使用（宁夏区调队，1978）。而在青龙山地区1：20万区调工作中（宁夏区调队，1985），则将该地层与甘肃省平凉地区对比，自下而上划分为麻川组、水泉岭组。1989年霍福臣、潘行适、郑昭昌等据贺兰山西麓阿拉善左旗强岗岭—下岭南沟剖面，依其中所产化石自下而上划分为下岭南沟组、前中梁子组和中梁子组。之后《宁夏区域地质志》又据银川市大南池剖面，将原天景山组下部白云岩划出建立了大南池组。1993年，西北大区地层清理项目办与有关省区代表共同研究，一致认为，贺兰山区、青龙山区及区外有关地层，从岩性基本特征来看，宜统称马家沟组。

【现在定义】 本组指亮甲山组或三山子组之上，本溪组之下的灰色厚层灰岩夹白云质角砾状灰岩、角砾状白云岩的岩石组合。在宁夏除底部为厚层白云岩外，主体岩性为灰、深灰色厚层—中厚层灰岩、泥质灰岩、白云质灰岩，与上覆米钵山组（克里摩里组）及下伏阿不切亥组均呈整合接触，以不含竹叶状灰岩和大量泥质条带灰岩与下伏阿不切亥组相区别。

【层型】 正层型为河北省唐山市赵各庄长山马家沟组实测剖面，位于河北省唐山市赵各庄矿西约4 km。次层型为宁夏银川市大南池剖面（位于银川市北西西32 km。起点坐标：105°55′，38°32′。安太庠、郑昭昌1990年测制）。

上覆地层：**米钵山组** 灰、浅灰绿色板岩夹灰岩

——————— 整 合 ———————

马家沟组 总厚度 1 024.60 m

15. 浅灰色厚层块状白云质灰岩，上部夹5～10 m厚的钙质板岩和薄层灰岩透镜体 33.00 m
14. 浅灰色厚层含燧石团块泥质网纹灰岩，顶部有小断层。含牙形石：*Scolopodus* aff. *flexilis*，*S. nogamii*，*S.* sp.，*S. euspinus*，*S. flexilis*，*S. rex*，*Acontiodus* sp.，*Drepanodus* sp.，*Tripodus* sp.，*Jumudontus gananda*，*Loxodus dissectus*，*Nasusgnathus dolonus*，*Aurilobodus leptosomatus*，*Paltodus* sp.，*Drepanoistodus* sp.，*Baltoniodus approximatus*，*Juanognathus jaanussoni*，*Panderodus* sp. 504.10 m
13. 灰色厚层块状灰岩，含燧石条带和团块，自下而上燧石渐减，泥质逐增。含头足类：*Ordosoceras* sp.，*Armenoceras* sp.，*Coreanoceras* sp.，*Michelinoceras*? sp.；腹足类：*Maclurites* cf. *kotoi*，Euomphalidae；牙形石：*Tripodus* sp.，*Scolopodus flexilis*，? *S. nogamii*，*S. euspinus*，*S. rex*，*Bergstroemognathus* sp.，*B. hubeiensis*，*Drepanodus* sp.，*Scandodus* sp. 239.50 m
12. 灰色中厚层灰岩，含腹足类：*Maclurites* sp.，*Ophileta* sp.，Euomphalidae；牙形石：*Paraserratognathus* sp.，*Drepanodus* sp.，*Scolopodus rex*，*Teridontus* sp.，*Scandodus* sp. 57.60 m
11. 浅灰、灰白色厚层质纯灰岩，含牙形石：*Scolopodus* sp.，*Eoserratognathus ovatus* 55.50 m
10. 灰、浅灰色中厚层灰岩，底部有一层厚1 m左右的灰绿色薄层钙泥质板岩。含牙形石：*Eoserratognathus ovatus*，*Scandodus* sp.，*Paraserratognathus problematicus*，*Scolopodus rex* 28.70 m
9. 浅灰色中厚层灰岩 29.00 m
8. 深灰色厚层块状含燧石团块白云岩，产头足类：*Coreanoceras*? sp. 38.70 m
7. 灰色厚层含泥质白云质灰岩夹白云岩，底部含腕足类：*Westonia* sp.；牙形石：*Scolopodus primitivus* 14.50 m
6. 深灰色厚层块状含燧石团块白云岩。牙形石：*Acontiodus iowensis*，*A.* sp.，*A.* aff. *prop-*

ingquus, *Scolopodus restrictus*, *Drepanodus subarcuatus*, *Teridontus gracilis* 24.00 m

——————整　合——————

下伏地层：**阿不切亥组**　深灰色中厚层灰岩夹薄层灰岩

【地质特征及区域变化】　本组几乎全由碳酸盐岩组成。其底部为灰—深灰色厚层白云岩夹白云质灰岩，时含燧石条带、结核，泥质灰岩常具网纹状、豹皮状和疙瘩状构造。其中厚层质纯灰岩，常成为优质化工、水泥原料。本组在青龙山、贺兰山区与下伏阿不切亥组均为连续沉积，而在罗山、牛首山、天景山一带则未见底。在前一情况下，一般以薄层泥质条带灰岩结束，深灰色厚层白云岩始现作为阿不切亥组与本组的分界面，且后者不含竹叶状灰岩。本组在青龙山与上覆克里摩里组为连续沉积，以厚层灰岩结束，始现大量薄层灰岩作为前者与后者的分界。在贺兰山、牛首山区与上覆米钵山组亦为连续沉积，以马家沟组上部中—厚层灰岩（或白云质灰岩）结束，始现大量板岩、变质砂岩作为二者分界。

在青龙山及其以北地区厚度为385.27（鸽堂沟）～685.5 m（任一井），牛首山、天景山及贺兰山中段其厚度均逾千米。故马家沟组作为一个横跨三个地层小区（即桌子山-青龙山、宁夏南部和贺兰山地层小区）的岩石地层单位，除了上覆地层的岩石地层单位迥然不同（前已述）外，桌子山-青龙山地层小区的厚度相对小于后两个地层小区。

米钵山组　Omb　（64－0013）

【创名及原始定义】　本组系1965年宁夏区测队在进行同心幅1：20万区调时创名。原始定义为："下部为灰色灰岩与灰绿色、灰黑色板岩互层，沿走向相变为灰黑色薄层泥质灰岩及板状页岩，厚度161 m。与下伏天景山组灰岩为连续沉积。上部为灰绿色砾岩、含砾板岩夹似层状、透镜状的灰岩及板岩，厚度380 m。含笔石化石。"

【沿革】　本组早年亦被称为"南山系"一部分（边兆祥，1954）。1965年宁夏区测队创立米钵山组，以后在1：20万区调中将其扩大到贺兰山、牛首山、罗山等地使用（宁夏区测队，1976）。与此同时，部分地层古生物工作者，据该组所产化石在贺兰山区建立了"樱桃沟组"、"山字沟组"和银川组等（宁夏回族自治区区域地层表编写组，下简称宁夏区域地层表编写组，1980；安太庠、郑昭昌，1990）。本次对比研究认为，分布于贺兰山、罗山、牛首山等地的有关地层，与米钵山地区建立的米钵山组的层位、岩石组合特征基本一致，应统以此名之；银川组一名在重新明确其含义的基础上应单独划出。

【现在定义】　本组主体岩性为浅灰—灰绿色浅变质长石石英砂岩、硬砂岩和板岩不等厚韵律互层，夹薄层灰岩、灰岩、角砾岩、砾状灰岩、含砾板岩透镜体，与上覆银川组、下伏马家沟组均呈连续沉积。米钵山地区发育含砾板岩、砾状灰岩、角砾岩等。

【层型】　正层型为同心米钵山张大井剖面，因未见顶、出露不全，而另选银川市大十字沟—榆树青沟剖面作为次层型（位于银川市平吉堡北西西14 km。起点坐标：105°53′，38°27′。宁夏区测队1975年测制，郑昭昌1990年补充）。

上覆地层：**银川组**　灰、褐灰色中厚层白云质灰岩

——————整　合——————

米钵山组　总厚度　2 778.10 m

35. 上部灰绿色千枚状板岩夹砂岩，下部为灰色薄层泥质条带灰岩。含牙形石：*Protopanderodus* sp.，? *Periodon* sp. 57.00 m

34. 灰、灰绿色薄层细粒长石砂岩与深灰色粉砂质板岩互层，顶部夹褐色碎屑灰岩，含

牙形石：*Periodon* sp.，*Protopanderodus* sp.，*Amorphognathus* sp. 497.90 m

33. 灰绿色中厚层中细粒长石砂岩 22.10 m
32. 灰、深灰色粉砂质板岩与浅灰绿色薄层细粒长石砂岩互层 71.30 m
31. 灰色板岩夹灰色薄层细粒长石砂岩 24.20 m
30. 深灰色厚层结晶灰岩，局部具假鲕状结构 7.40 m
29. 灰、深灰色薄层细砂岩、粉砂岩夹深灰色钙质板岩 18.30 m
28. 灰、深灰色粉砂质板岩、薄层细砂岩、板状粉砂岩互层，夹少许深灰色钙质板岩和薄层砂质灰岩透镜体 229.00 m
27. 灰、深灰色含砂质灰岩夹灰色粉砂质泥质板岩 130.00 m
26. 灰、灰绿色中厚层中细粒长石砂岩，上部夹少许浅灰绿色板岩 102.10 m
25. 灰、浅灰绿色中厚层中细粒长石砂岩与板岩及板状粉砂岩互层 88.30 m
24. 灰绿色中厚层中细粒长石砂岩夹少许浅灰绿色板状粉砂岩 141.30 m
23. 灰、浅灰绿色中厚层中粒长石砂岩夹少许薄层砂质板岩 26.90 m
22. 灰绿色薄层细粒长石砂岩与粉砂质板岩、板状粉砂岩互层，中下部夹灰岩透镜体 39.00 m
21. 灰绿色薄层细粒长石砂岩夹灰绿色粉砂质板岩，顶部为 2～3 m 的浅灰色结晶灰岩，底部有数十厘米厚的砾岩 22.40 m
20. 灰、深灰色薄层微晶灰岩 2.30 m
19. 浅灰绿色粉砂质板岩夹少量薄层细粒长石砂岩及板状粉砂岩 16.20 m
18. 灰绿色中厚层中细粒长石砂岩夹少量灰黄绿色砂质板岩、板状粉砂岩，中部夹砂质灰岩透镜体 74.50 m
17. 灰绿色粉砂质板岩夹中厚层灰绿色中细粒长石砂岩，上部夹一层砂质灰岩透镜体 88.50 m
16. 褐黄色粉砂质板岩，夹少许浅灰绿色中细粒长石砂岩 75.50 m
15. 浅灰绿色板岩、粉砂岩与灰绿色薄—中薄层中细粒长石砂岩互层，底部夹厚 15～20 cm 灰岩透镜体 23.90 m
14. 灰绿色薄—中层细粒长石砂岩夹黄绿色薄层板岩、粉砂岩 102.90 m
13. 浅灰绿色粉砂岩夹灰绿色细粒长石砂岩 135.30 m
12. 灰绿色中厚层中细粒（局部为粗粒）长石砂岩夹少许板岩 34.50 m
11. 浅灰绿、浅蓝灰色千枚状粉砂质板岩夹灰绿色薄层细粒长石砂岩及数层灰岩及砂质灰岩透镜体 56.90 m
10. 深灰色薄—中厚层灰岩，上部夹砾状灰岩透镜体 2.20 m
9. 浅灰、浅黄绿色间夹浅灰绿色薄层细粒长石砂岩，中下部夹 6 层浅灰色薄层微晶灰岩透镜体 111.80 m
8. 灰、浅灰绿色薄层长石砂岩与灰绿色粉砂质板岩、粉砂岩互层 42.90 m
7. 灰绿色中厚层中细粒长石石英砂岩夹少量灰绿色砂质板岩。中细粒长石石英砂岩中含笔石：*Pseudoclimacograptus* sp.，*Glyptograptus* sp.，*Climacograptus* sp.，*Diplograptus* sp.，*Cryptograptus* sp.，*Orthograptus calcaratus*，*Glossograptus* sp.，*Dicellograptus* sp.，*Gietonograptus* sp. 170.20 m
6. 灰绿色薄层粉砂岩夹少许棕灰色粉砂质板岩 34.00 m
5. 灰绿色薄层细砂—粉砂岩与灰绿色砂质板岩互层 81.70 m
4. 灰、深灰色薄—中层微晶灰岩夹两层 5 m 厚的浅灰色粉砂质板岩 40.50 m
3. 灰、浅灰绿色粉砂质板岩夹少许灰绿色薄层细粒长石石英砂岩及粉砂岩 177.90 m
2. 深灰色厚层含燧石团块微晶灰岩，含牙形石：*Protopanderodus* sp.，*Scolopodus euspinus* 8.30 m
1. 灰、浅灰绿色板岩夹板状粉砂岩及少许细粒石英砂岩 20.90 m

——————整　合——————

下伏地层：**马家沟组**　深灰色厚层灰岩

【地质特征及区域变化】　本组主体岩性为轻变质浅灰—灰绿色砂岩与板岩组成的韵律性互层，其总体变质砂岩多于板岩，其中所夹砾岩、含砾板岩、灰岩等变化大，沿走向不稳定，呈条状、透镜状、不规则团块状等。它们在出露良好地段，可用沉积学中的鲍马序列来加以描述①（图 3-6）。岩层内部时见滑塌褶皱。

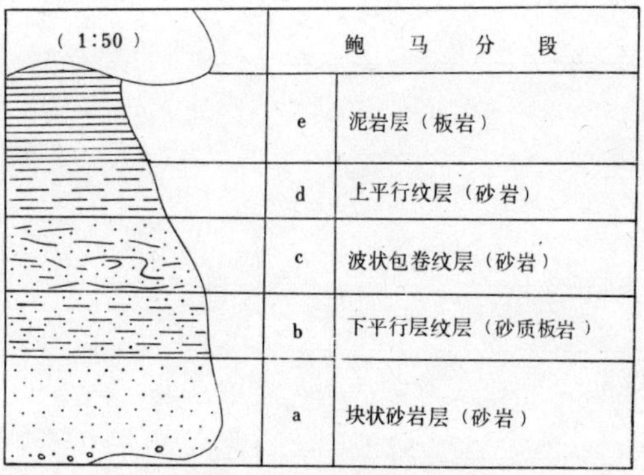

图 3-6　贺兰山西麓胡记台米钵山组鲍马序列柱状图

本组在米钵山地区未见顶。正层型厚度 138 m，向东至中宁县青疙瘩西 3.5 km 之米钵山剖面，测得厚度 694.3 m；总体为灰绿、灰黑色板岩、含砾板岩和砾岩、砾屑灰岩、薄层灰岩组成，其中含砾板岩、砾岩中之灰岩砾石大小不一，呈次棱角状，分选极差，砾径大者可达 0.5 m 以上；薄层灰岩等沿走向可迅速过渡为砾屑灰岩。自米钵山向东至大、小罗山地区，本组未见顶底，厚度大于 1 787.6 m，下部以板岩为主夹灰绿色粉砂岩、砂岩，上部则由黄灰—灰绿色砂岩夹板岩构成。自大、小罗山向西北至牛首山区之青铜峡二道沟剖面，未见顶，测得厚度大于 1 945.5 m，下部为灰黄色薄层中细粒长石石英砂岩夹薄层灰岩；中部则以板岩为主，与砂岩形成韵律性互层；上部以变质长石石英砂岩为主夹板岩。自牛首山向西至贺兰山南段大十字沟—榆树青沟剖面，厚度达 2 778.1 m，底部为板岩夹薄层灰岩透镜体，其上基本为一套灰绿色砂岩夹板岩构成的韵律性沉积。值得指出的是该剖面第 21 层底部之数十厘米厚的砾岩，前人曾视为平行不整合的底砾岩（宁夏区调队，1978），经此次野外核查沿走向追索，见其相变剧烈，可在短距离内迅速增厚至数米至十余米，又迅速尖减；其砾石呈次棱角状，由灰岩、变质砂岩、燧石等组成，基底式胶结为主，填隙物为砂质；砾岩层与下伏砂岩层无明显之界面，为过渡关系（剖面第 20 层灰岩为透镜体）；因此我们认为此砾岩为深海重力流沉积（水道砾岩），而非平行不整合之底砾岩。本组的延伸并不止于贺兰山南段，自大十字沟一带向西北，可达内蒙古阿拉善左旗境内的胡记台地区，直至贺兰山北段塔儿岭一带（小松山南端）。

总之，本组为一套巨厚的受轻微变质的泥、砂质为主的沉积物，其内部岩性变化趋势如图 3-7。

银川组　Oy　（64-0023）

【创名及原始定义】　本组系郑昭昌据银川榆树青沟剖面创名，霍福臣等 1989 年介绍。其原始定义为："本组上部被第四系覆盖，与下伏平凉组呈假整合接触，厚度较大，在榆树青沟超过 1600 米，中、下部灰绿色砂岩、板岩作不等厚互层，夹灰岩，韵律性较强，为复理石建造；上部则为薄层泥质网纹和条带灰岩夹少许板岩和粉砂岩。该地层为过渡沉积，又含我国南方型（北大西洋型）的牙形石。"

【沿革】　本组在宁夏区调队(1978)进行 1：20 万区调时，将其划分为平凉组上部。后郑昭

① 宁夏区调队，1992，1：5 万土井子幅、前古城子幅、马夫峡子幅区域地质调查报告（说明书）。

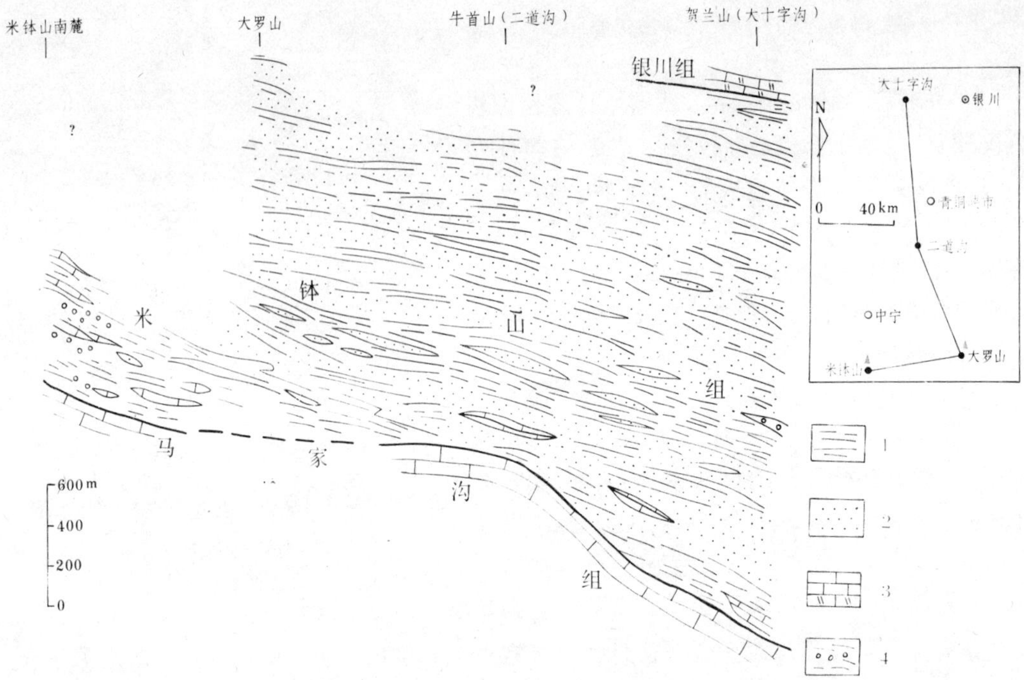

图 3－7 米钵山组横剖面图

1. 泥岩(板岩)；2. 砂岩(变质砂岩)；3. 灰岩、白云质灰岩；4. 砾岩(含砾板岩)

昌在编制宁夏奥陶系断代总结时据此创名银川组，于 1989 年发表(霍福臣等)。按郑氏意见，确认大十字沟—榆树青沟剖面第 21 层与第 20 层间为平行不整合关系(参见米钵山组次层型)，并据化石将第 20 层以下称平凉组，第 21 层以上建立了银川组。本次对比研究认为，此平行不整合并不存在(见米钵山组地质特征一节描述)。而郑氏所列榆树青沟剖面上部一套碳酸盐岩为主的沉积物，代表一个真正的岩石地层单位，可将此称银川组。

【现在定义】 本组主要岩性为灰、灰黄色薄层泥质条带灰岩、网纹灰岩、薄层—厚层灰岩，含少量燧石结核，与下伏米钵山组呈连续沉积。本组以碳酸盐岩为主，与米钵山组泥、砂质沉积岩为主的地层区别明显。

【层型】 正层型为银川市大十字沟—榆树青沟剖面(位于银川市新市区西 23 km 之榆树青沟。起点坐标：105°52′，38°27′。宁夏区测队 1975 年测制，郑昭昌 1990 年修测)。

银川组 总厚度 ＞112.00 m

19. 上部灰色中厚层砾屑灰岩，下部灰绿色碎裂状砂岩与板岩互层(未见顶) ＞26.00 m

18. 灰绿色中薄层长石石英砂岩与板岩互层，间夹泥质灰岩与砂质不纯灰岩，含牙形石：*Protopanderodus* sp.，*P. insculptus*，*Periodon* sp.，*Protopanderodus liripipus* 21.00 m

17. 深灰色厚层灰岩、砾状灰岩，含牙形石：*Periodon* sp. 21.00 m

16. 灰、褐灰色中厚层白云质灰岩 44.00 m

———— 整 合 ————

下伏地层：**米钵山组** 灰绿色千枚状板岩夹砂岩

【地质特征及区域变化】 本组以碳酸盐岩为主体，色调为灰黄、褐灰、灰白等，区别于下伏米钵山组，上述正层型厚度大于112 m，其间夹长石石英砂岩、板岩。而至榆树青沟东侧剖面，厚度大于384.9 m，下部为薄层泥质条带灰岩，上部则为厚层泥质网纹灰岩并含少量燧石结核，未见碎屑岩夹层。

本组在大区域内延伸变化尚不十分清楚，从现有资料来看，在贺兰山南段，自榆树青沟向南至高石墩(在三关口以南)附近，于米钵山组之上，厚度约200 m以上(无剖面)之灰—深灰色泥质灰岩、灰岩，当属本组。高石墩向西至内蒙古阿拉善左旗土井子西南之双山子地区，于米钵山组之上，有厚度大于357.8 m之灰色含白云质砾屑灰岩与灰色薄层条带状灰岩不等厚互层，无疑也应划归本组①。此外，在牛首山东北，青铜峡小红沟剖面(宁夏区调队，1985)，于米钵山组之上有厚134.1 m之红、灰红色厚层微晶灰岩(第14层)，亦应是本组的一部分。

克里摩里组　*Ok*　(64-0024)

【创名及原始定义】 系关士聪、车树政1955年在桌子山区创名。原称克里摩里石灰岩。原始定义为："下奥陶纪克里摩里石灰岩，岩性以黑色及浅灰色薄层灰岩为主，上部夹两层页岩，全层厚度不超60 m。含三叶虫、腕足类和笔石。下伏地层桌子山石灰岩，上覆地层乌拉力克黑色页岩层。"

【沿革】 本组自创名以来，人们将其使用范围仅局限于桌子山地区。1964年张文堂称克里摩里组。在宁夏同心青龙山地区，曾据其中所含化石将其划为"三道沟组"，也曾创建过"青山组"(安太庠、郑昭昌，1990)。本次对比研究认为，以往在青龙山地区所称"三道沟组"即为克里摩里组。

【现在定义】 岩性为黑灰—浅灰色薄层灰岩，夹黑、灰绿色页岩，与下伏马家沟组和上覆乌拉力克组均为连续沉积。

【层型】 正层型位于桌子山区内蒙古乌海市的拉什仲庙南之克里摩里剖面。次层型为宁夏同心青龙山酸枣沟剖面(位于同心县青龙山主峰正南3 km。起点坐标：106°35′，37°15′。郑昭昌1985年测制)。

上覆地层：**乌拉力克组**　土黄、黄灰色中薄层泥质、粉砂质灰岩、钙质粉砂岩夹页岩，下部有水平宽度为16 m的第四系覆盖物

——————　整　合　——————

克里摩里组　　总厚度　183.10 m

21. 灰、深灰色中厚层灰岩，局部含燧石，顶部夹1～2 m的薄层灰岩，含牙形石：*Protopanderodus varicostatus*，*Panderodus* sp.，*Juanognathus* sp.　4.00 m
20. 灰色薄层灰岩、粉砂质泥质灰岩，含笔石：*Retiograptus* sp.，*Glyptograptus* sp.，*Didymograptus* sp.，*Cryptograptus* sp.，*Pseudoclimacograptus* cf. *minor*，*Climacograptus* sp.　3.00 m
19. 褐灰、黄灰、土黄等杂色硅质粉砂岩、泥质粉砂岩、钙泥质页岩，向上过渡为粉砂质泥岩。盛产笔石：*Pterograptus elegans*，*Pseudoclimacograptus angulatus*，*Glyptograptus* cf. *teretiusculus*，*Climacograptus* sp.，*Glossograptus* sp.，*Orthograptus* sp.，*Didymograptus* spp.，*Cryptograptus schaferi*，*Janograptus gracilis*，*Retiograptus* sp.　2.00 m
18. 灰色薄层灰岩。含牙形石：*Eoplacognathus foliaceus*，*Periodon* sp. B，*Belodella* sp.　3.30 m

① 宁夏区调队，1989，1:5万土井子幅、前古城子幅、马夫峡子幅区域地质调查报告。

17. 灰、浅灰色薄层粉砂质、泥质灰岩与砂质灰岩互层。含笔石:*Glyptograptus* sp.,*Climacograptus* sp.,*Pseudoclimacograptus* sp. 1.80 m

16. 灰色薄—中层灰岩,层间泥质含量较高。含牙形石:*Spinodus spinatus*,*Pygodus* sp. 17.00 m

15. 灰、深灰色薄层粉砂质、泥质灰岩。含笔石:*Pseudoclimacograptus scharenbergi*,*Glyptograptus* sp.,*Cryptograptus* sp.,*Didymograptus* sp. 1.50 m

14. 灰色薄层灰岩与黄灰、褐灰色钙质泥质页岩作不等厚互层,下部有一层杂色泥质、钙质生物碎屑灰岩,厚 20 cm;中部有数层紫灰、灰褐、灰色泥质钙质粉砂岩,厚 30 cm。含三叶虫:*Ampyx* sp.,*Telephina* sp.,*Symphysurus* sp.,*Asaphus* sp.;笔石:*Pseudoclimacograptus angulatus magnus*,*Glyptograptus* sp.,*Climacograptus* sp.;牙形石:*Periodon aculeatus*,*Protopanderodus rectus*,*P. arcuatus*,*Panderodus* sp.,*Dapsilodus mutatus*,*Pygodus serrus* 3.50 m

13. 灰色中薄层泥质条带灰岩,条带宽 1~2 cm,细密且连续性好,其中夹厚 1 m 的砾屑灰岩,顶部有一层瘤状灰岩,产牙形石:*Protopanderodus rectus*,*Periodon* sp.,*Drepanodus* sp.,*Dapsilodus mutatus* 17.00 m

12. 灰色中薄层含燧石条带、团块灰岩。含牙形石:*Periodon aculeatus*,*Protopanderodus rectus* 23.00 m

11. 灰色薄层泥质条带灰岩,条带状构造极清晰。含牙形石:*Protopanderodus rectus* 3.00 m

10. 灰色薄层夹中厚层灰岩,具稀疏燧石条带 11.00 m

9. 灰色薄层含燧石条带灰岩。含牙形石:*Protopanderodus varicostatus* 8.00 m

8. 灰色中薄层含燧石团块灰岩,含放射虫。产牙形石:*Sagittodontus* sp.,*Coelocerodontus trigonius*,*Protopanderodus varicostatus*,*P. cooperi*,*Cornuodus longibasis* 14.00 m

7. 深灰色薄层灰岩,间夹中层灰岩。含放射虫 9.00 m

6. 灰色中薄层灰岩 25.00 m

5. 灰色薄层泥质条带灰岩。含牙形石:*Walliserodus ethingtoni* 13.00 m

4. 灰色中薄层燧石条带灰岩。含牙形石:*Subcordylodus* sp. 4.00 m

3. 灰色薄层泥质条带灰岩。含牙形石:*Protopanderodus arcuatus*,? *Periodon* sp. 9.00 m

2. 深灰色薄—中层含泥质灰岩 11.00 m

———— 整 合 ————

下伏地层:**马家沟组** 深灰色中厚层灰岩

【地质特征及区域变化】 本组以薄层灰岩为主,夹灰黑、灰绿色页岩,与下伏马家沟组连续沉积,一般以首现大量薄层灰岩之底面,作为本组底界。

据井下资料,灵武县横山堡地区(任二井)本组厚 140 m,岩性以灰黑—灰绿色灰质泥岩为主,夹灰绿色页岩;向南至青龙山、酸枣沟厚度增至 183.1 m,岩性以薄层灰岩为主夹黄灰色页岩、粉砂岩等。故其厚度呈现出自桌子山向南渐增的趋势。

乌拉力克组 O*w* (64-0025)

【创名及原始定义】 1955 年关士聪、车树政在内蒙古乌海市岗德尔山创名乌拉力克层。原始定义为:“岩性以黑色灰质页岩为主。上部为深灰色砂质页岩,全层厚度约 30 m。笔石种属说明本层时代属中奥陶纪。下伏地层为下奥陶纪克里摩里组石灰岩,二者为连续沉积。”

【沿革】 自关、车二氏创名乌拉力克层以来(后演变为乌拉力克组),一直限于桌子山地区使用。在宁夏青龙山及其以南地区,在 1∶20 万区调(宁夏区调队,1990)和有关专题研究工作中(如安太庠、郑昭昌,1990),均依所含化石而将其称平凉组。本次对比研究认为,青龙山一带位于克里摩里组之上的一套以页岩为主夹灰岩、粉砂岩的地层,与平凉组不同,而与乌拉力克组基本一致，故以后者称之。

【现在定义】 本组岩性以大量出现页岩为主要特征，夹灰绿色砂质页岩、灰岩，与下伏克里摩里组和上覆拉什仲组为连续沉积。

【层型】 正层型位于内蒙古乌海市岗德尔山乌拉力克沟。次层型为宁夏同心青龙山酸枣沟剖面(位于同心县韦州乡青龙山主峰正南 3 km。起点坐标：106°35′，37°15′。郑昭昌等 1985 年测制)。

上覆地层：**红柳沟组** 紫红色砂砾岩

~~~~~~~~~~ 不 整 合 ~~~~~~~~~~

乌拉力克组 总厚度 43.80 m

26. 灰、灰绿色钙泥质页岩、粉砂质页岩夹三层透镜状灰岩，每层厚 7～10 cm，其中含几丁虫、放射虫和牙形石：*Periodon* sp.；页岩中富含笔石：*Glyptograptus englyphus*, *G. teretiusculus*, *Didymograptus robustus norvegicus*, *D.* cf. *uniformis*, *D. nicholsoni*, *D.* cf. *acutidens*, *Cryptograptus tricornis*, *Pseudoclimacograptus angulatus* 5.00 m

25. 大部分为第四系砂砾覆盖，零星出露泥质页岩、粉砂质页岩和粉砂岩。盛产笔石：*Pseudoclimacograptus angulatus micidus*, *P. angulatus*, *P. angulatus magnus*, *Glyptograptus euglyphus*, *Didymograptus robustus norvegicus*, *D.* cf. *acutidens*, *D. nicholsoni* 15.00 m

24. 灰绿、黄绿色粉砂质页岩、钙泥质页岩、硅质粉砂岩夹灰岩透镜体。页岩和粉砂岩中富含笔石：*Retiograptus* sp., *Janograptus macilentus*, *J. gracilis*, *Climacograptus angustatus*, *C. pauperatus*, *Pseudoclimacograptus angulatus*, *P. angulatus micidus*, *P. angulatus magnus*, *Cryptograptus tricornis*, *Glyptograptus englyphus*, *G. teretiusculus*, *Didymograptus* spp. 5.00 m

22—23. 土黄、黄灰色中薄层泥质、粉砂质灰岩、硅质粉砂岩夹页岩。页岩和泥质灰岩中含笔石：*Climacograptus* sp., *Glossograptus* sp., *Cryptograptus tricornis*, *Pseudoclimacograptus scharenbergi*, *P. angulatus*, *Retiograptus* sp., *Janograptus* cf. *laxatus*, *Glyptograptus teretiusculus*, *G. englyphus* (底部有 16 m 的第四系覆盖物) 18.80 m

———————— 整 合 ————————

下伏地层：**克里摩里组** 灰、深灰色中厚层灰岩

【地质特征及区域变化】 本组以大量出现页岩为其主要特征，并夹砂质页岩、灰岩、砂岩等。其页岩的颜色，在桌子山地区以黑色为主。向南至任三井，本组厚度 29 m，除下部为 6.5 m 黑色页岩外，上部 20 m 页岩为黑—灰绿色。至青龙山酸枣沟剖面，厚度 27.8 m，其页岩、粉砂岩均以灰绿—黄灰色为主，并夹较多的灰岩透镜体和粉砂岩等。

拉什仲组 O*l* (64-0026)

【创名及原始定义】 1955 年关士聪、车树政在桌子山地区创立拉什仲绿色岩系。原始定义为："中奥陶纪拉什仲绿色岩系，以绿色灰质砂岩及页岩为主，夹薄层凸镜状石灰岩。底部砂页岩互层中夹有砾岩层一层，整层厚度 50～55 m。采获海百合茎、腕足类和笔石。上覆地层石炭二叠纪煤系。"

【沿革】 关、车二氏 1955 年创立拉什仲绿色岩系，张文堂(1964)改称拉什仲组，沿用至今。在区内出露于彭阳县贺家川一带的黄绿色砂岩、页岩夹凝灰质细砂岩等，曾据化石被划为平凉组(安太庠、郑昭昌，1990)。本次清理认为，这套地层的岩性与平凉组不同，而与桌子山地
~~~~~~~~~~

区的拉什仲组基本一致。

【现在定义】 本组主要岩性为灰绿色砂岩、页岩组成韵律层，夹少许灰岩和砾岩。与下伏乌拉力克组为连续沉积，其上未见顶。在宁夏彭阳县贺家川地区，见夹灰紫色凝灰质细砂岩多层。

【层型】 正层型为内蒙古乌海市拉什仲庙西之贾木苏托罗盖剖面。次层型为宁夏彭阳贺家川剖面(位于彭阳县罗洼乡西偏南 7 km。起点坐标:106°30′,36°15′。宁夏综合地质队 1963 年测制)。

上覆地层:**保安群宜君组** 砾岩

～～～～～～～～～～ 不 整 合 ～～～～～～～～～～

拉什仲组	总厚度 >540.00 m
16. 黄绿、紫红色厚层凝灰质石英细砂岩	150.00 m
15. 上部黄绿色含砂质页岩,下部灰紫色中厚层凝灰质细砂岩夹紫红色页岩	58.00 m
14. 灰紫色厚层凝灰质细砂岩与紫红色页岩互层。产笔石:*Dicellograptus* cf. *sextans*,*Dicranograptus* sp.,*Didymograptus* sp.,*Climacograptus* sp.,*Leptograptus* sp. 等	35.00 m
13. 黄绿色页岩夹紫红色薄层凝灰质细砂岩	17.00 m
12. 黄灰、黄绿色中厚层凝灰质细砂岩与黄绿色页岩互层	5.00 m
11. 紫红、灰绿色页岩	5.00 m
10. 灰黄绿色页岩,风化面呈褐红色。富含笔石:*Nemagraptus* sp.,*Glyptograptus* sp.,*Didymograptus* sp.,Retiolitidae 等	43.00 m
9. 浅紫红色中厚层凝灰质细砂岩夹页岩。产笔石:*Didymograptus* sp.,*Diplograptus*? sp.	37.00 m
8. 紫红色中厚层细砂岩与页岩互层,向上页岩增多。产笔石:*Dicranograptus* sp.,*Didymograptus* sp.	20.00 m
7. 紫红色中厚层凝灰质细砂岩与灰绿色薄层凝灰质粉砂岩互层,尚夹有页岩。产笔石:*Climacograptus parvus*	15.00 m
6. 紫红色页岩与中厚层凝灰质细砂岩互层。下部产笔石:*Climacograptus parvus*,*Glyptograptus teretiusculus* var. *kansuensis*	8.00 m
5. 紫红色页岩夹中厚层凝灰质细砂岩。产笔石:*Climacograptus* sp.	15.00 m
4. 紫红色页岩夹中厚层凝灰质细砂岩。产笔石:*Glyptograptus teretiusculus*,*Climacograptus parvus*,*Dicellograptus* cf. *sextans*,*Dicranograptus* sp.,*Diplograptus* sp. 等	20.50 m
3. 蓝灰色页岩,风化面呈紫红色。产笔石:*Climacograptus parvus*,*Dicranograptus kansuensis*,*Dicellograptus* cf. *sextans*,*Didymograptus yuani*,*Leptograptus* sp. 等	21.50 m
2. 黄绿色页岩夹含云母凝灰质石英细砂岩。产笔石:*Glyptograptus teretiusculus*, *Climacograptus parvus*, *Didymograptus* cf. *sagitticulis* 等	49.50 m
1. 浅紫红色中层凝灰质细砂岩,致密坚硬(未见底)	>40.50 m

【地质特征及区域变化】 本组以灰绿色砂岩和页岩韵律沉积为主体,在拉什仲以北(现微波站)采石场可见到,相当于上述剖面第 2 层之砂岩、页岩互层;其砂岩单层厚度 0.1～1 m 不等,呈块状,底部多具重荷模构造,页岩系具水平纹层,二者频繁更叠呈不等厚互层,可用沉积学中的鲍马序列加以描述。其他各层间岩性上、下更叠变化有与此类似的特点。

自桌子山向南经宁夏灵武盐池一带,据钻井资料(任三井),本组厚度 311 m,其下部以灰色砂质灰岩、灰—黑色页岩为主,中—上部则由灰绿色砂质页岩夹泥岩组成,显然岩性变细。再向南至同心青龙山未见出露，至宁夏东部彭阳县贺家川一带，厚度增至540 m以上，剖面未见顶底，其岩性为黄绿色页岩、黄绿色—灰紫色凝灰质细砂岩组成不等厚互层，特征与正层型类似，但砂岩中常含凝灰质成分使岩层显现灰紫—紫红色。前人曾将此处该地层称平凉组。

背锅山组　O*b*　(64-0067)

【创名及原始定义】 系1963年车福鑫据陕西省陇县新集乡之背锅山剖面所出露的一套碳酸盐岩地层，命名背锅山石灰岩。原始定义为："本组原称背锅山灰岩。主要由灰、肉红色厚层块状灰岩、燧石条带灰岩、瘤状灰岩夹少量页岩组成。"

【沿革】 1965年宁夏区测队在进行固原幅1∶20万区调时，发现了彭阳县罗洼南洋沟(后人均称石节子沟)剖面，据其中所含珊瑚化石将其划归上奥陶统。1975年林宝玉、赖才根等在该地进行生物地层研究，将其称背锅山组①，以后资料均以此相称(宁夏区域地层表编写组，1980)。本次对比研究认为，石节子沟剖面出露一套碳酸盐岩地层，岩性与背锅山组正层型类似，且均富含珊瑚等海相动物化石，故称背锅山组。

【现在定义】 本组以灰、肉红色中厚层—块状灰岩为主，夹黄绿色页岩，上部夹泥质砾状灰岩(或灰质砾岩)，盛产珊瑚化石，未见顶，与下伏平凉组为整合接触。在宁夏本组为厚层含燧石条带灰岩、泥质灰岩夹薄层灰岩、砾状灰岩，盛产珊瑚化石，与下伏拉什仲组可能为平行不整合接触。

【层型】 正层型为陕西省陇县新集乡李家坡北之背锅山剖面。次层型为宁夏彭阳罗洼石节子沟剖面(位于彭阳县罗洼乡石节子沟。起点坐标：106°37′，36°13′。宁夏区测队1963年测制；安太庠、郑昭昌1990年补充修测)。

背锅山组　　总厚度　>104.00 m

10. 灰色薄—中层含泥质灰岩及生物碎屑灰岩，具少量燧石条带，含四射、床板珊瑚：*Agetolites grandis*，*Catenipora* sp.，*Plasmoporella ningxiaensis*，*Protoboreaster sinensis*，*Favistella grandis*(未见顶)　>18.00 m

9. 灰色薄层瘤状灰岩，含牙形石：*Panderodus* sp.　17.00 m

8. 灰色厚层砾状灰岩，方解石脉发育，含珊瑚：*Plasmoporella convexotabulata maxima*　9.80 m

7. 灰、浅棕色薄—中厚层灰岩，含燧石条带和团块，具有黄色泥质斑纹，含丰富的珊瑚：*Agetolites irregularis*，*Catenipora* sp.，*Heliolites* sp.，*Plasmoporella convexotabulata maxima*；牙形石：*Panderodus* sp.　15.00 m

6. 灰、浅灰色厚层块状燧石条带、团块灰岩，含珊瑚：*Agetolites* sp.，*Rhabdotetradium* sp.，*Catenipora uniforma*　16.00 m

5. 灰、褐灰色厚层泥质条带豹皮状灰岩，风化面呈花斑状，偶见燧石团块，含苔藓虫、腕足类、头足类及大量珊瑚化石。珊瑚：*Plasmoporella* sp.，*Sarcinula kiangsiensis*，*S. minor*，*Catenipora uniforma*，*Agetolites* sp.，*Wormsipora* sp.；牙形石：*Panderodus* sp.　14.00 m

4. 浅灰、灰色厚层灰岩，富含珊瑚化石，另外，尚有腕足类、头足类及少量三叶虫。珊瑚：*Agetolites yushanensis*，*A. huangi*，*Sarcinula kiangsiensis*，*Plasmoporella shiyanshanensis*　3.00 m

3. 灰色厚层砾状含泥质灰岩，含珊瑚、头足类、腹足类、腕足类化石。珊瑚：*Plasmoporella* sp.，*Heliolites* sp.，*Agetolites yushanensis*，*Kolymopora ningxiaensis*　2.00 m

---

① 林氏等资料未公开发表，这里转引自《宁夏区域地质志》(1990，p.90)和安太庠、郑昭昌(1990)等文献。

2. 灰色厚层燧石团块灰岩，含丰富的床板珊瑚：*Plasmoporella shiyanshanensis*，*Heliolites* sp.，*Agetolites yushanensis*，*A. huangi*，*Kolymopora ningxiaensis*，*Sarcinula kiangsiensis* 8.00 m

1. 浅褐红、灰色薄层灰岩、瘤状灰岩，富含珊瑚和少量头足类及三叶虫化石。珊瑚：*Sarcinula guyuanensis*，*Agetolites* sp.，*Catenipora* sp.，*Plasmoporella* sp. 2.00 m

——————— 平行不整合 ———————

下伏地层：拉什仲组　浅灰色薄层泥灰岩夹页岩

【地质特征及区域变化】 本区彭阳石节子沟剖面则以厚层含燧石条带灰岩、泥灰岩为主，夹薄层灰岩、砾状灰岩等亦盛产珊瑚化石，与下伏拉什仲组可能为平行不整合接触。

第二节　年代地层单位及生物组合特征

一、寒武系

(一) 华北西缘地层分区

本分区寒武纪岩石地层单位自下而上划分为辛集组、朱砂洞组、陶思沟组、胡鲁斯台组、阿不切亥组，现依此顺序讨论它们的时限和年代地层单位的划分。

在贺兰山中段苏峪口剖面及其附近，平行不整合于正目观组之上的辛集组含磷砾岩中曾采得 *Bergeroniellus* sp.，*Ningxiaspis ningxiaensis* 等。前者是华北南缘含磷层常见属，而后者据张文堂（1979）的研究，这类古火神虫科三叶虫的产出层位略低于华北北部昌平组底界，大致相当我国西南地区镰尾虫带（*Drepanuroides* Zone）。故此，贺兰山中段的辛集组大体属沧浪铺阶上部。

连续沉积于辛集组之上的朱砂洞组未获化石，但位于后者之上的陶思沟组中、上部在贺兰山中—北段均采得 *Probowmanis* sp.，*Shantungaspis* sp. 等，这些都是毛庄阶的重要分子，但毛庄阶底界划在何处？目前尚无佐证。因而我们目前只能将朱砂洞组—陶思沟组笼统归龙王庙阶—毛庄阶。

覆于陶思沟组之上的胡鲁斯台组产丰富的三叶虫化石。张文堂（1980），曾综合鄂尔多斯西缘及南缘的徐庄阶，自上而下划分八个化石带：(8)*Bailiella*，(7)*Poriagraulos*，(6)*Inouyops*，(5) *Metagraulos*，(4) *Sunaspis*，(3) *Pagetia jinnanensis*，(2) *Ruichengaspis*，(1) *Kochaspis*。在胡鲁斯台组正层型（陶思沟剖面）第16层底部，曾采得 *Luaspides* sp.，这是 *Kochaspis* 带的重要分子，又第21层产 *Bailiella* sp.，故可确定这里胡鲁斯台组的上、下界与徐庄阶界线以及与贺兰山中段的苏峪口五道塘剖面基本是一致的。

阿不切亥组下部产丰富的三叶虫化石，重要者有 *Crepicephalina*，*Taitzuia*，*Poshania*，*Manchuriella*，*Anomocarella* 等属。它们为张夏阶所含重要分子，其中 *Crepicephalina* 为本阶底部的带化石，在苏峪口五道塘剖面、陶思沟等剖面，均产于阿不切亥组底部，其下伏层位即出现属徐庄阶顶部的 *Bailiella*，故在贺兰山区阿不切亥组底，即为张夏阶下界。阿不切亥组的中、上部产 *Blackwelderia*，*Chuangia*，*Tsinania* 等属三叶虫，证明区内本组中、上部自下而上包含崮山阶、长山阶和凤山阶；值得注意的是，在银川市大南池剖面阿不切亥组顶部（第4—5层）产牙形石 *Acontiodus iowensis*，*A. iowensis iowensis*，*Scolopodus restrictus*，*S. primitivus*（安太庠、郑昭昌，1990，p. 49）等，属安太庠在唐山所建立的 *Cordylodus rotunda-*

tus－*Rossodus manitouensis* 带，亦即下奥陶统下部的一个化石带，属两河口阶。故阿不切亥组是一个跨中寒武统上部（张夏阶）—上寒武统（崮山阶—凤山阶）—下奥陶统（两河口阶）的穿时明显的岩石地层单位。

（二）祁连-北秦岭地层分区

在宁夏只为祁连-北秦岭地层分区之宁夏南部地层小区。

本区分布的岩石地层单位为香山群，为一套巨厚的轻变质地层，未见底，以往曾据其中鲕状灰岩中产 *Inouyia* sp.，*Metagraulos* sp.，*Anomocarella* sp. 等三叶虫，而将其年代地层单位划归徐庄阶，但近年来工作成果表明，含三叶虫的鲕状灰岩为夹于板岩中的砾块（外来体），故不能用作论证年代的依据。而徐家圈组顶部薄层灰岩具牙形石 *Cordylodus proavus*，*Furnishina furnishi*，*F. asymmetrica*，*F. quadrata* 等①，呈现晚寒武世—早奥陶世化石面貌，但更偏晚寒武世；再则，由于香山群所在地区早奥陶世为一套碳酸盐岩（马家沟组），故我们据这些有限资料，暂将香山群时代划归上寒武世。

二、奥陶系

宁夏的奥陶纪地层，自沉积马家沟组以后，依其岩石地层序列的不同，可分为贺兰山—香山—罗山区和桌子山—青龙山—固原、彭阳以东等两个地区。

（一）贺兰山—香山—罗山区

这里马家沟组在贺兰山中—北段连续沉积于阿不切亥组之上；而在贺兰山南段、牛首山、香山和罗山等地，马家沟组则未见底，与香山群呈断层接触，连续沉积于马家沟组之上的为米钵山组、银川组。

前已述及，阿不切亥组上部在贺兰山中段、大南池剖面属两河口阶，剖面第6—7层产牙形石 *Acontiodus iowaensis*，*Scolopodus primitivus*，*S. restrictus* 等，显然与阿不切亥组上部一致，而归属两河口阶。而第8层产头足类 *Careanoceras*? sp. 属红花园阶，这样第7—8层可作为二个阶的分界。第13层下部产 *Bergstroemognathus* sp.，*B. hubeiensis* 与安太庠所建 *Serratognathus bilobatus* 带相当，属红花园阶；又在该层中部产头足类 *Coreanoceras* sp. 亦属红花园阶；上部产头足类 *Armenoceras* sp.，*Ordosoceras* sp. 则属大湾阶下部，故第13层中部顶为红花园阶与大湾阶的分界。第14层产 *Loxodus dissectus*，*Aurilobodus leptosomatus* 等牙形石，具大湾阶生物组合特征。这样，位于贺兰山中段的大南池剖面马家沟组时限为两河口期—红花园期—大湾期。

在贺兰山东麓的大十字沟—榆树青沟剖面，整合覆于前述大南池剖面马家沟组之上的米钵山组，由砂岩、板岩组成，化石稀少，但在该剖面第7层曾采获笔石：*Pseudoclimacogratrus* sp.，*Glyptograptus* sp.，*Diplograptus* sp.，*Cryptograptus* sp.，*Orthograptus calcaratus*，*Glossograptus* sp.，*Dicellograptus* sp.，*Gietongraptus* sp. 等，据葛梅钰等（1990）的研究，这一组合可能属 *Nemagraptus gracilis* 带中部，亦即相当庙坡阶。

在该剖面产笔石层向下，米钵山组尚有近400 m的砂岩、板岩，其年代地层划分可从邻近地区的相关地层得到补充，在贺兰山西麓，内蒙古阿拉善左旗胡记台一带米钵山组下部产丰富的 *Amplexograptus confertus* 带笔石（宁夏地矿局，1990）证明有牯牛潭期沉积；土井子地区②米钵山组底部板岩中所夹灰岩透镜体多处采得牙形石 *Periodon flabellum*，这是一种大湾

① 宁夏区调队，1992，1∶5万红泉幅、三眼井幅区域地质调查报告。
② 宁夏区调队，1989，1∶5万土井子幅、前古城子幅、马夫峡子幅区域地质调查报告。

阶的重要化石。故贺兰山区的米钵山组自大十字沟—榆树青沟剖面第7层向下，可能包括了大湾阶上部至牯牛潭阶的沉积。

连续沉积于米钵山组之上的银川组在榆树青沟西侧剖面第18层产牙形石 *Protopanderodus insculptus*，这是宜昌地区宝塔组常见牙形石（安太庠等，1990），应属宝塔期沉积。

在米钵山地区，马家沟组仅见上部，其所产牙形石 *Paroistodus* cf. *proteus*，*Paracordylodiform element* 和头足类 *Actinoceras* sp. 等均为大湾阶重要分子。在米钵山剖面（64-0013-4-2）连续沉积于马家沟组之上的米钵山组，近底部一层细晶灰岩中产牙形石 *Periodon aculeatus*，*Cordylodus horridus*，*Protopanderodus* sp. 等，应属牯牛潭阶。

大罗山—小罗山及其附近地区主要出露米钵山组。经宁夏区调队（1985）和葛梅钰、郑昭昌、李玉珍等（1990）对笔石的采集与研究，在青山（位于同心县城与罗山之间）剖面，自下而上可划分为两个笔石带，即 *Amplexograptus confertus* 带下部，*Tetragraptus insuetus* 带（相当 *Pterograptus elegans* 带上部）；前者属牯牛潭阶，后者为大湾阶。其下伏马家沟组灰岩中产头足类 *Wutinoceras* sp.（葛梅钰等，1990）。在煤山东坡（小罗山以东、红城水南）米钵山组所产的笔石群，经葛梅钰（1990）研究，属于 *Nemagraptus gracilis* 带下部；而小罗山顶北侧公路旁米钵山组所产的笔石群属于 *Nemagraptus gracilis* 带中上部；大罗山顶及东坡臭水沟则可能属 *Nemagraptus gracilis* 带上部。综上所述，在大罗山—小罗山及其附近的米钵山组时限为牯牛潭期—庙坡期。

（二）桌子山—青龙山—固原、彭阳东部地区

在内蒙古桌子山地区的马家沟组与下伏寒武纪地层呈平行不整合接触，据前人研究（赖才根等，1982）有：*Polydesmia*，*Ordosoceras*，*Chisiloceras*，*Ormoceras*，*Armenoceras*，*Michelinoceras*，*Polygrammoceras* 等头足类，大体相当大湾期沉积，而缺失红花园期—两河口期沉积，牙形石组合（安太庠等，1990）亦属大湾期沉积。自桌子山向南至宁夏青龙山地区，马家沟组与下伏阿不切亥组连续沉积，鸽堂沟剖面底部30余米白云岩未见化石，其上产头足类，计有 *Cameroceras* sp.，?*Manchuroceras* sp.，*Ormoceras* sp.，属大湾期沉积；牙形石 *Rhipidognathus laiwuensis*，*R. maggolensis*，*Loxodus dissectus*，*Scolopodus filiformis* 等，是典型的唐山“下马家沟组”牙形石（安太庠等，1990），亦即属大湾阶；但至剖面顶部第52层，产牙形石 *Eoplacognathus suecicus*，是牯牛潭期特有的分子。所以在青龙山鸽堂沟剖面马家沟组顶部属牯牛潭期沉积。

连续沉积于马家沟组之上的克里摩里组，在桌子山地区的笔石群上部属 *Pterograptus elegans* 带，中、下部属 *Amplexograptus confertus* 带，属牯牛潭阶；牙形石组合的研究（安太庠等，1990）结果，亦得出同样结论。青龙山鸽堂沟剖面表明（前已述），牯牛潭期沉积始于马家沟组顶部；在青龙山地区的酸枣沟剖面的笔石组合，可分属 *Amplexograptus confertus* 带和 *Pterograptus elegans* 带，与其牙形石 *Eoplacognathus foliaceus*，*Pygodus* sp. 等，均表明该地克里摩里组为牯牛潭期沉积。

乌拉力克组连续沉积于克里摩里组之上，在桌子山区，前人认为本组仅限于 *Glyptograptus teretiusculus* 带（属庙坡阶下部），然而在该组顶部发现笔石 *Nemagraptus gracilis*，故它还包括了庙坡阶的中部。青龙山酸枣沟剖面，本组底部出现丰富的 *Glyptograptus teretiusculus* 带笔石群，属庙坡阶下部；由于该剖面出露不全，是否也包括部分 *Nemagraptus gracilis* 带，尚不知。

拉什仲组在桌子山区所产笔石均属 *Nemagraptus gracilis* 带，本组顶部牙形石以 *Tas-*

manognathus sishuiensis，*Microcoelodus*，*Erismodus* 为特征，均为华北“峰峰组”所特有的组合（安太庠等，1990），表明桌子山区的拉什仲组属庙坡期沉积。彭阳贺家川剖面，拉什仲组未见顶、底，其下部第2、4、6层产 *Glyptograptus teretiusculus* 等，属庙坡阶下部；同时在大致相当剖面第6层以上层位，经葛梅钰等（1990）工作，采获包括15属44（亚）种的笔石，其组合面貌属 *Nemagraptus gracilis* 带，为庙坡阶中、上部。

背锅山组仅出露于彭阳县罗洼石节子沟，据其产珊瑚 *Agetolites yushanensis*，*A. huangi*，*Sarcinula kiangsiensis*，*Plasmoporella shiyanshanensis* 等，《宁夏区域地质志》将其时限厘定为晚奥陶世，有的则进一步确定为五峰期早期。而陕西背锅山组正层型剖面上部所产牙形石 *Yaoxianognathus yaoxianensis* 为临湘期带化石，因而部分学者认为应归属临湘期（安太庠等，1990）。我们认为后一种意见是可信的。

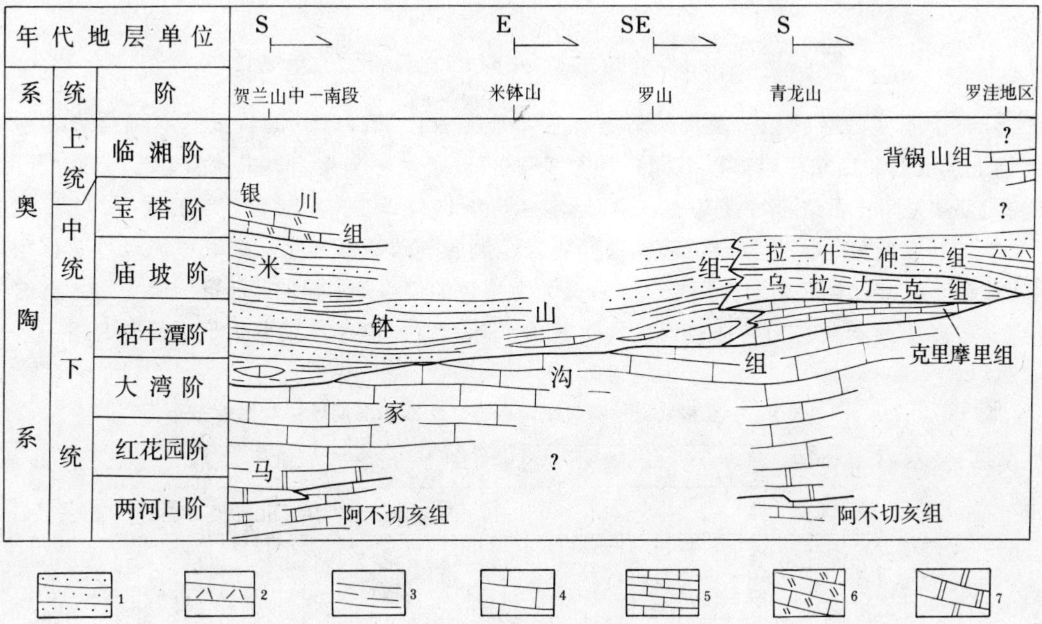

图3-8　宁夏奥陶纪年代地层横剖面图

1.砂岩；2.凝灰质砂岩；3.页岩、板岩；4.灰岩；5.薄层灰岩；6.薄层白云质灰岩；7.白云岩

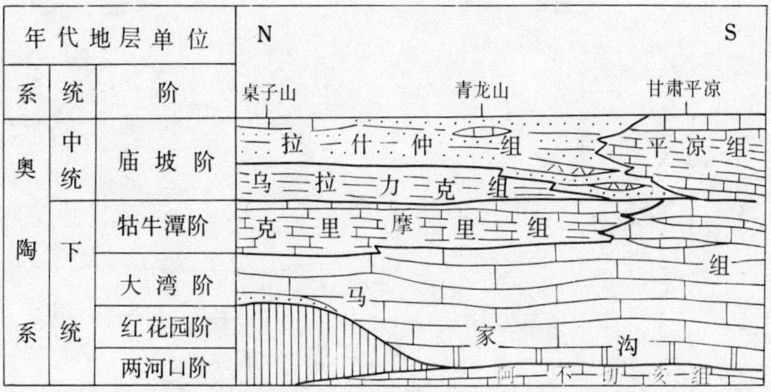

图3-9　桌子山—青龙山—平凉奥陶纪年代地层横剖面图

（图例同图3-8）

综上所述，宁夏的奥陶纪地层在贺兰山地区始于阿不切亥组上部。马家沟组的底界在贺兰山—青龙山区基本为两河口阶的中上部；顶界在贺兰山区为大湾阶上部，但至青龙山则跨牯牛潭阶下部，至固原—平凉一带为牯牛潭阶上部（即以往所称“三道沟组”），在华北本部（河北、山西一带）本组顶界则为庙坡阶（即以往称“峰峰组”），故马家沟组在大区域内呈明显的穿时性，即在鄂尔多斯西缘自西北向东南其顶界层位渐高，至华北本部则更高。覆于马家沟组之上的克里摩里组、乌拉力克组、拉什仲组等亦表现有一定穿时性（图3-8、图3-9）。在贺兰山、米钵山、罗山一带，覆于马家沟组之上的米钵山组、银川组则代表了牯牛潭期—庙坡期—宝塔期沉积。

第三节　宁夏寒武纪—奥陶纪地层的对比和演化

一、鄂尔多斯西缘寒武纪—奥陶纪地层与有关地区的对比

分布于本区的寒武纪—奥陶纪岩石地层单位除香山群外，它的特征基本可与华北本部（指河北、山西、山东一带，以下同）对比（表3-1）。寒武纪辛集组、朱砂洞组与豫西、晋南、苏皖北部层位、岩石组合特征基本一致。但本区与华北本部馒头组层位相当的陶思沟组、胡鲁斯台组，其厚度较大，并且岩层基本由碎屑岩、泥岩—碳酸盐岩组成，其中泥岩以灰绿色为主，有别于以紫红色泥岩、云泥岩（含石膏）为特色的馒头组。华北本部覆于馒头组之上的张夏组，以厚层鲕状灰岩为特征；而区内贺兰山、青龙山一带，连续沉积于胡鲁斯台组

表3-1　宁夏寒武纪—奥陶纪地层与华北本部同期地层对比表

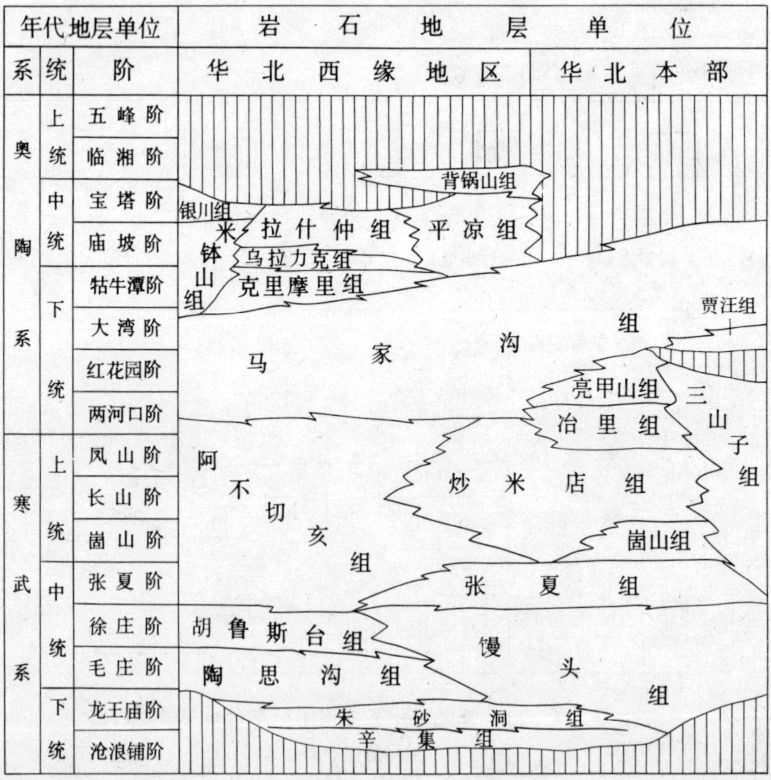

之上的阿不切亥组则以薄层泥质条带灰岩夹竹叶状灰岩透镜体为主。连续沉积于阿不切亥组之上的马家沟组，其岩石组合总体特征与华北本部基本一致，并具明显的穿时性。马家沟组之上，由于本区所处地质构造位置的影响，其岩石地层单位的分布情况较为复杂，除表3-1、图3-8、图3-9所表述的以外，青龙山地区向南东还有车道组、姜家湾组（甘肃环县境内）等，前者在层位上相当于陕西省龙门洞地区平凉组的中、下部，后者约与背锅山组相当。

二、宁夏寒武系—奥陶系的演化

宁夏寒武纪岩石地层单位的时空分布表明，贺兰山中—北段及青龙山—固原以东地区，属华北区寒武纪海侵范围。沧浪铺期晚期—龙王庙期，海水沿华北陆块南缘进入本区，直抵贺兰山中段苏峪口一带，沉积了一套碎屑岩（辛集组）—碳酸盐岩（朱砂洞组）；反映了一个海侵沉积序列，从初期冲刷海岸沉积开始，进而出现滨海浅滩高能环境的砾-砂质磷块岩、磷质砂岩、白云质砂岩等沉积，随着环境趋向稳定和气候干热，出现了碳酸盐潮坪沉积（朱砂洞组）。自龙王庙期末—毛庄期，随着华北区海侵范围的扩大，贺兰山北段、桌子山等地均广泛为海水淹没，形成了一套以滨海浅滩相为主的沉积（陶思沟组）。徐庄期—张夏期直至凤山期，海侵持续时间长，沉积厚度较华北本部大（逾 2000 m），为一套台地边缘浅滩相沉积。

在上述沉积区的西南，包括香山、牛首山、贺兰山南段（大战场、科学山、毛土坑）和通湖山等广大地区，所分布的香山群，由巨厚的碎屑岩、泥岩夹碳酸盐岩、硅质岩组成，不含火山岩及火山碎屑岩，代表了一套大陆坡坡脚的深—次深海浊积扇堆积①；其中徐家圈组基本为内扇扇谷水道沉积，狼嘴子组、磨盘井组主体部分为浊积扇扇上辫状水道和水道间相沉积，故为浊积扇之中扇沉积。总的来看，香山群所构成的浊积扇垂向层序的基本趋势是向上粒度变细的层序，反映了浊积扇沉积物的补给逐渐中断或转向它处，水道不再扩大被泥砂质充填的沉积层序。香山群的分布大体沿阿拉善古陆的南缘，故在近陆的贺兰山南段、腾格里地区的通湖山一带，发育水道相沉积的角砾岩，至南部香山一带徐家圈底部角砾岩锐减，有由北向南由粗渐细之势，说明其陆源碎屑主要来自北部古陆。自香山向西南，香山群的分布没有超过海原—甘肃景泰一线以南地区。总之，宁夏的寒武纪晚期沉积，贺兰山中、北段—青龙山一带及其以东地区为台地边缘浅滩相沉积，香山、贺兰山南段、牛首山等地为大陆坡坡脚深—次深海浊积扇堆积，后者为前者的大陆边缘沉积。

奥陶纪初期，华北海水几乎侵入宁夏全境（除海原以南的西吉地层小区外），沉积了以碳酸盐岩为主的马家沟组，属碳酸盐台地相。据安太庠等（1990）的研究，其中所产牙形石为典型的华北型牙形石动物群（北美中大陆型），牙形石分带可与华北区直接对比。但至大湾期末—牯牛潭期初及至庙坡期，其沉积环境有了明显的变化，贺兰山及米钵山、牛首山、大罗山、小罗山等地，于马家沟组之上沉积了米钵山组，其厚度在2 000 m以上，以碎屑岩、泥岩为主体夹薄层灰岩、角砾岩等深海—次深海沉积。在米钵山组之上，还有以碳酸盐岩为主的银川组沉积，时代大体归属于庙坡期，所含牙形石均为华南型（北大西洋型），且在沉积物基质中含放射虫；在桌子山—青龙山一带，马家沟组之上，牯牛潭期—庙坡期分别为以薄层灰岩为主的克里摩里组、页岩为主的乌拉力克组和以砂、页岩为主的拉什仲组，它们的牙形石亦均为华南型，且常含放射虫，说明其海水深度较大。

综上所述，本区奥陶系自马家沟组沉积之后，大体在大湾期末—牯牛潭期初始，直至宝

---

① 宁夏区调队，1989，1:5万土井子幅、前古城子幅、马夫峡子幅区域地质调查报告。

塔期，东部和西部地区发生了明显的分化。西部沉积的米钵山组、银川组属大陆斜坡下部的深海—次深海沉积，东部青龙山一带为次深海沉积，前者范围可延伸至贺兰山北段的塔尔岭地区，而东部青龙山一带则属大陆斜坡上部，它们总的海水深度较马家沟组沉积时均有明显的加大；并且由大湾期末开始牙形石动物群由华北型转为华南型，反映了其海侵方向有了明显的变化。上述现象说明在牯牛潭期以后，沿米钵山—贺兰山北段地壳受到剧烈的拉张，成为祁连裂谷带一个向北的分支——贺兰裂堑（张抗，1989），西部大体在同时期发育海底喷发的中—基性火山岩，而东部则不含海相火山岩。

分布于彭阳罗洼石节子沟的背锅山组，代表区内晚奥陶世沉积，以碳酸盐岩为主，其珊瑚动物群属华南型，它是中奥陶世海侵持续扩展的产物。

第四章
志留纪—泥盆纪

宁夏的志留纪—泥盆纪地层分布在中宁、中卫、同心一带之卫宁北山①、牛首山、香山和罗山以西地区，海原南华山、西华山有少量出露（图4-1）。其岩石地层单位序列，大体如下：

前黑山组（C*q*）
——————— 平行不整合 ———————
老君山组（D*l*）
~~~~~~~~~~ 不 整 合 ~~~~~~~~~~
石峡沟组（D$\hat{s}$）
~~~~~~~~~~ 不 整 合 ~~~~~~~~~~
旱峡组（S*h*）
——————— 平行不整合 ———————
照花井组（S$\hat{z}$）
~~~~~~~~~~ 不 整 合 ~~~~~~~~~~
香山群（∈*X*）

图4-1　宁夏志留纪—泥盆纪地层露头分布图
1.志留系露头；2.泥盆系露头

第一节　岩石地层单位

照花井组　S$\hat{z}$　(64-0048)

【创名及原始定义】　1980年宁夏区域地层表编写组据同心照花井剖面而创立照花井组。原始定义为："本组与下伏寒武系中统香山群呈不整合接触；平行不整合伏于旱峡组之下。以浅海相灰岩为主，底部有少许灰绿色砂岩和砾岩，上部有少量的紫红色砂岩，富含珊瑚、腕足类、腹足类及少量三叶虫化石。厚58～103 m。"

① 卫宁北山指中卫—中宁黄河以北一段近东西向分布的山地，其东北部与贺兰山南段相接，下同。
~~~~~~~~~~

【沿革】 1958年郭勇岭、甘克文在中宁县野猪沟发现一套富含珊瑚、腕足类化石的灰岩，称中志留统；1960年李康、钟富道在进行祁连山路线地质调查时，将其称泉脑沟山群。1960—1965年宁夏区测队在进行同心幅1:20万区域地质调查时，测制了同心照花井剖面，从而正确地厘定了本组岩石组合特征和接触关系，但仍称泉脑沟山群。1980年宁夏区域地层表编写组据此资料建立了照花井组，沿用至今。

【现在定义】 本组不整合于香山群磨盘井组之上，平行不整合伏于旱峡组之下。其下部以紫灰—灰绿色薄层长石石英砂岩为主，最底部有少量砾岩；中部为深灰—紫灰色薄—中厚层泥质灰岩、假鲕状灰岩，富含珊瑚、腕足类、腹足类化石；上部则以紫红色粉砂岩、粉砂质灰岩为主夹砾状灰岩透镜体、薄层砂岩等。

【层型】 正层型为同心照花井剖面（位于同心县照花井北约2 km。起点坐标：105°50′，37°13′。宁夏区测队1961年测制，宁夏区调队1990年修测）。

上覆地层：**旱峡组** 紫红色砾岩

——————— 平行不整合 ———————

照花井组 总厚度 102.60 m

7. 紫红、灰紫色粉砂质泥岩夹薄层粗砂岩 15.50 m

6. 紫红色含铁质粉砂质灰岩 18.00 m

5. 紫红色含铁质钙质粉砂岩夹砾状灰岩透镜体 5.50 m

4. 深灰、灰紫色薄—中厚层鲕状、假鲕状隐晶质灰岩，层面波状，富含化石。珊瑚：*Palaeofavosites balchaschensis*，*P. forbesiformis major*，*Propora* sp.，*Multisolenia zhongningensis*，*M. reliqus multispinosa*，*Catenipora* sp.，*Lindstroemophyllum* sp.，*Brachyelasma* sp.，*Pycnactis* sp.，*Streptelasma* sp.，*Helioplasmolites tongxinensis*，*Halysites catenularius*，*H. senior*；腕足类：*Clintonella nucleola*，*C. testudinaria*，*Imbricatospira decora*，*Holorhynchus sinensis*，*Eospirifer sinensis dasifiliformis*，*Schizoramma planodorsa*，*S.* cf. *rigida*，*Nalivkinia varians*，*Didymaella didima*，*Striispirifer orbiplicatus*；牙形石：*Walliserodus curvatus* 39.50 m

3. 深灰、紫灰、灰黄色薄层泥质灰岩、疙瘩状生物灰岩，产丰富的古生物化石：珊瑚：*Favosites gothlandicus*，*Mesofavosites confertus*，*M. tongxinensis*，*M. grandiformis*，*Palaeofavosites sinensis*，*Halysites senior*，*Helioplasmolites tongxinensis*，*Propora conferta*，*Aulopora* sp.，*Holophragma mitrata*，*Pterophrentis* sp.，*Crassilasma* sp.，*Kyphophyllum* sp.，*Streptelasma* cf. *whittardi*；腕足类：*Schizoramma* cf. *rigida*，*S. planodorsa*，*Eospirifer sinensis ningxiaensis*，*E. bourgeoisi*，*Nucleospira* sp.，*Nalivkinia* sp.；三叶虫：*Scutellum* sp.；腹足类：*Lophospira* sp.，*Pararaphistoma* sp.，*Raphistomina* sp.，*R.* cf. *affinis* 等 5.10 m

2. 紫灰、灰绿色钙质泥质长石石英细砂岩，具微层理 17.00 m

1. 灰绿、紫红色砾岩 2.00 m

~~~~~~~~~ 不 整 合 ~~~~~~~~~

下伏地层：**磨盘井组** 灰绿色砂岩

【地质特征及区域变化】 本组以深灰、紫灰色富含珊瑚、腕足类化石的泥质灰岩、生物灰岩为主体岩性，其上、下部发育一定数量砂岩、粉砂岩、泥岩、粉砂质灰岩等。在同心照花井一带，本组厚度102.6 m。向东北至中宁野猪沟，因断层未见顶、底，出露厚度仅69.6 m，岩
~~~~~~~~~

性以薄一厚层泥质灰岩、生物灰岩为主，上部夹少量灰黄色钙质页岩，大体相当照花井剖面中部。位于小罗山以西的同心青山剖面可见本组不整合覆于米钵山组之上，不整合伏于老君山组之下，厚度89.8 m，岩性以灰绿、淡紫红、灰红、紫红色砂岩、粉砂岩、页岩为主，夹少量生物灰岩等。

旱峡组　*Sh*　（64-0049）

【创名及原始定义】　1945年王尚文于甘肃玉门地区创立旱峡系一名。原始定义为："旱峡系，它主要代表北祁连西段中志留统泉脑沟山群以上的一套紫红色砂岩、粉砂岩、页岩等，普遍发育有波纹、雨痕及交错层。"

【沿革】　1960年李康、钟富道在进行祁连山路线地质调查时，认为中宁野猪沟志留系剖面"上部紫红色砂岩，岩性与酒泉西南旱峡统相当"。1961年宁夏区测队进行同心幅1:20万区域地质调查时，将同心照花井地区平行不整合覆于泉脑沟山群之上的紫红色砂、砾岩称旱峡群。之后人们均以旱峡组（群）名之。

【现在定义】　本组平行不整合覆于照花井组或更老地层之上；其上与老君山组或更新地层为不整合接触关系。主体岩性为紫红色细一中粒长石石英砂岩，下部夹数层紫红色砾岩、砂砾岩，上部常夹紫红色钙质粉砂岩，偶见灰一紫红色白云质灰岩透镜体。

【层型】　正层型位于甘肃玉门旱峡附近。次层型为宁夏同心照花井剖面（位于同心县照花井北约2 km。起点坐标：105°50′，37°13′。宁夏区测队1961年测制、1990年修测）。

上覆地层：**寺口子组**　紫红色砾岩

～～～～～～～ 不 整 合 ～～～～～～～

旱峡组	总厚度　493.20 m
21. 紫红色薄层钙质粉砂岩与薄层钙质细砂岩互层	66.20 m
20. 紫红色薄层含钙质长石质中粒石英砂岩	28.30 m
19. 红色薄层钙质粉砂岩与褐红色钙质细砂岩互层，具交错层理	53.40 m
18. 红色薄层钙质粉砂岩	22.20 m
17. 紫红色钙质细粒长石质砂岩	84.40 m
16. 紫红、灰色透镜状白云质隐晶灰岩。产腕足类：*Whitefieldella* sp.；双壳类：*Actinopteria* sp.	27.60 m
15. 紫红色薄层细砂岩	111.70 m
14. 紫红色含砾粗砂岩	30.70 m
13. 暗紫色钙质长石质粉砂岩	3.80 m
12. 紫红色含砾粗砂岩	35.50 m
11. 暗红色含泥质细粒长石石英砂岩	8.90 m
10. 紫红色砾岩。灰岩砾石中含珊瑚：*Mesofavosites* sp.	3.40 m
9. 紫红色含铁质钙质不等粒硬砂质砂岩，下部为含砾粗砂岩	14.90 m
8. 紫红色砾岩。灰岩砾石中含珊瑚：*Mesofavosites* sp.	2.20 m

－－－－－－ 平行不整合 －－－－－－

下伏地层：**照花井组**　紫红、灰紫色粉砂质泥岩夹粗砂岩

【地质特征及区域变化】　本组以紫红色砂岩为主，夹同色砾岩、粉砂岩等，岩性较为单一，易于识别。在同心照花井地区，本组厚度493.2 m，其上部为寺口子组所覆。自照花井向西北至中宁烟筒山南部之土湾子，可见老君山组砾岩不整合覆于本组之上。在海原南华山、西华

山地区，本组直接超覆于加里东期花岗闪长岩或西华山组之上，厚度540.5 m（海原南华山香黄沟剖面），岩性以褐红色长石石英砂岩为主，夹细—中砾岩。

石峡沟组　D$\hat{s}$　（64-0019）

【创名及原始定义】　1975年宁夏区测队据中宁牛首山南段之石峡沟剖面创名石峡沟组。原始定义为："不整合于香山群之上，其上与中宁组亦呈不整合接触。下部为灰白色厚—中厚层石英砂岩夹含砾砂岩、砂砾岩少量，厚度82～111.7 m；上部为紫红色中—薄层长石石英砂岩、粉砂岩等，产鱼类化石，厚度166～391.4 m。"

【沿革】　50年代人们将本区泥盆系统称老君山砾岩（斯行健，1954）或老君山系（沈纪祥，1959）。1975年宁夏区测队在前人发现牛首山其间有不整合面的基础上，将其不整合面以下的碎屑岩命名为石峡沟组，沿用至今。

【现在定义】　本组为不整合覆于香山群之上、伏于老君山组之下的一套碎屑岩沉积。其岩性下部为灰白色中—细粒石英砂岩夹极少量含砾砂岩；中部以紫红色薄—中厚层细粒长石石英砂岩夹紫红色粉砂岩；上部以紫红色粉砂岩为主，夹少量细粒长石石英砂岩。

【层型】　正层型为牛首山剖面（位于中宁县白马乡东偏北7 km。起点坐标：106°01′，37°40′。潘江、顾其昌、刘时雨等1983年重测）。

上覆地层：**老君山组**　紫红色厚层砾岩

～～～～～～ 不 整 合 ～～～～～～

石峡沟组　　总厚度　246.50 m

16. 灰紫—紫红色厚—中厚层具块状层理之粉砂岩，局部夹少量薄层细粒长石石英砂岩。前者局部发育灰绿色斑点　31.80 m
15. 灰紫色厚—中厚层细粒长石石英砂岩，产 *Antiarchi*，*Sarcopterygii* 等鱼化石碎片　6.50 m
14. 紫红色具块状层理之粉砂岩，含灰绿色斑点　33.40 m
13. 灰—灰白色厚层细粒石英砂岩，中夹一层紫红色细粒硬砂质石英砂岩，底部见波状层理。前者产鱼类：*Bothriolepis niushoushanensis*　23.60 m
12. 紫红色粉砂岩夹紫红色中厚—薄层细粒长石石英砂岩，具交错层纹，产鱼类：*Bothriolepis niushoushanensis*　34.30 m
11. 紫红色粉砂岩与紫红色薄—中厚层细粒长石石英砂岩不等厚互层，具交错层纹，小型对称波痕，局部见泥裂。产鱼类：*Bothriolepis niushoushanensis*，*Quasipetalichthys* cf. *haikouensis*　15.00 m
10. 灰白色中厚层细粒石英砂岩，底部产鱼类：*Bothriolepis niushoushanensis*　0.70 m
9. 紫红色薄层细粒石英砂岩与紫红色粉砂岩不等厚互层，后者见水平纹层，底部产鱼类：*Bothriolepis niushoushanensis*　7.30 m
8. 紫红色粉砂岩夹少量薄层细粒长石石英砂岩　11.80 m
7. 灰白色厚—中厚层石英砂岩，底部见1 m 厚的含砾长石石英砂岩　10.20 m
6. 紫红色细粒长石石英砂岩夹黄绿色细粒长石石英砂岩　0.90 m
5. 灰白色厚层细粒石英砂岩，见板状斜层理　27.20 m
4. 灰白色中厚层细粒长石石英砂岩与黄绿色、紫红色粉砂岩互层　4.80 m
3. 灰白色厚层细—中粒长石石英砂岩　24.00 m
2. 灰黄色中厚层砂砾岩夹灰白色薄—中层长石石英砂岩，上部为薄—中厚层石英砂岩　5.90 m
1. 灰白色中厚层细粒长石石英砂岩与灰黄色薄层细粒长石石英砂岩互层，具板状斜层理，含植物化石碎片，底部见一层1 m 厚之砂砾岩　9.10 m

～～～～～～～～ 不 整 合 ～～～～～～～～

下伏地层：**磨盘井组** 灰绿色中—厚层变质砂岩夹板岩

【地质特征及区域变化】 本组主要分布于宁夏中宁牛首山，其岩性以砂岩、粉砂岩为主，下部岩层色调呈灰白色；中上部则以紫红色为主，基本未见砾岩等粗碎屑岩类。位于牛首山最南端正层型总厚度246.5 m，向北至黑炭子梁一带，岩性除底部见夹少量砾石磨圆甚好的砾岩外，其余均与石峡沟所见相似，但厚度增至504.1 m。

老君山组 *Dl* (64-0020)

【创名及原始定义】 1945年黄汲清在甘肃民乐老君山一带创名老君山砾岩。原始定义："指维宪阶以下、南山系以上的一套紫红色砾岩、砂岩夹火山凝灰岩，属早石炭世杜内期。"

【沿革】 1954年斯行健将中宁烟筒山东麓马固井一带产斜方薄皮木（*Leptophloeum rhombicum*）之砂岩称老君山砾岩。1959年沈纪祥在讨论祁连山北麓老君山砾岩时代问题时，将中卫下河沿等地产斜方薄皮木的紫红色砂岩、粉砂岩统称老君山系。1960年李康、钟富道于中宁—中卫一带不整合于奥陶系—志留系以上产斜方薄皮木紫红色砂岩、粉砂岩等亦以老君山砾岩名之。故在50年代以前，北祁连地区产斜方薄皮木的紫红色砂岩、粉砂岩均称老君山砾岩或老君山系。从60年代以后，随着甘肃、宁夏一带钾盐、煤田普查和1∶20万区域地质调查工作的深入展开，在甘肃靖远雪山、沙流水地区，于这套地层内部发现有一不整合，形成了将不整合面以上称沙流水群，不整合面以下称雪山群的划分方案（甘肃地质局区测队，1973）。70年代在宁夏地区，又以中宁牛首山泥盆系内部发现的不整合为基础，提出不整合面以上称中宁组，不整合面以下称石峡沟组的命名方案（宁夏区测队，1975）。之后，在以上不同地区内，曾被广泛采用。

在此次地层对比研究中，有关省区经协商取得了一定共识，认为老君山砾岩（组）一名，不仅命名较早，且在国内外享有较高的知名度，应予采用。但将这一名称，用于不整合面以上还是以下层位？作者认为，在黄氏命名地附近，不整合于"南山系"之上的老君山砾岩中已发现 *Leptophloeum rhombicum*，*Archaeocalamites* sp. 等植物化石①，证明命名地这套地层的层位与其东部不整合面以上地层相当，故本书建议将北祁连地区前述不整合面以上层位的紫红色砾岩、砂岩、粉砂岩等，统称老君山组，中宁组、沙流水组为它的同物异名，这更有利于该地区地质发展史的研究和区域填图工作。

【现在定义】 本组主要岩性为紫红色砾岩、长石石英砂岩、粉砂岩、泥岩夹泥灰岩、灰岩、砂质灰岩透镜体，不整合覆于石峡沟组或更老地层之上，其上与前黑山组（或土坡组）为平行不整合或不整合接触。

【层型】 正层型在甘肃。次层型为宁夏中宁牛首山石峡沟剖面（位于中宁县白马乡东偏北7 km。起点坐标：106°01′，37°40′。潘江、顾其昌、刘时雨等1983年测制）。

上覆地层：**土坡组** 砂岩、页岩等

——————— 平行不整合 ———————

老君山组 总厚度 304.60 m

27. 深灰绿色粉砂岩夹浅灰色厚—中厚层中细粒长石石英砂岩，产鱼类：*Remigolepis microcephala*；孢粉：*Calamospora atava*，*C. nigrata*，*Apiculatisporis microconus*，*Api-*

① 据沈光隆教授1994年面告。

culiretusispora plicata, *A. granulata*, *A. septalata*, *A. nitida* var. *minor*, *Retusotriletes distinctus*, *R.* spp., *Stenozonotriletes extensus* var. *medius*, *S. laevigatus*, *S. conformis*, *Cymbosporites truncatus*, *Geminospora devonicus*, *G. lemurata*, *G. parvibasilaris*, *Verruciretusispora magnifica*, *Hymenozonotriletes brevimammus*, *Chelinospora* sp., *Ancyrospora furcula*, *Archaeozonotriletes vuriabilis*, *A. agnatus*, *Samarisporites triangulatus*, *Grandispora* sp., *Auroraspora macromanifestus*, *Acanthotriletes uncatus*, *Aneurospora greggsii* 14.50 m

26. 深灰绿色厚—中厚层含砂质灰岩，产鱼类：*Remigolepis major* 13.50 m

25. 紫红色厚—中厚层粉砂质灰岩夹灰绿色中厚—薄层粉砂质结晶灰岩，具水平纹层，产鱼类：*Remigolepis major* 12.60 m

24. 紫红、灰绿色粉砂岩与灰白色中厚层中细粒长石石英砂岩互层。前者具水平纹层，产植物：*Sublepidodendron mirabile* 等 33.90 m

23. 紫红色粉砂岩，时见水平纹层 44.60 m

22. 紫红色粉砂岩夹紫红色薄—中厚层细粒长石石英砂岩，具波状或水平纹层，产鱼类：*Remigolepis zhongningensis*, *R. major* 73.20 m

21. 紫红色粉砂岩夹砂砾岩、薄层含砾粗砂岩，后二者偶见板状斜层理，产植物 *Leptophloeum rhombicum* 35.50 m

20. 紫红色粉砂岩夹紫红色中厚—薄层细粒长石石英砂岩，前者常见水平纹层，后者偶见板状斜层理，中部产鱼类：*Remigolepis zhongningensis*, *R. major* 32.40 m

19. 紫红色薄—中厚层细粒长石石英砂岩夹紫红色中厚层砾岩，产植物：*Leptophloeum rhombicum*, *Sphenopteris* sp., *Sphenopteridium* sp. 等 13.60 m

18. 紫红色厚—中厚层砾岩与粗粒杂砂岩互层 19.70 m

17. 紫红色厚层砾岩 11.10 m

～～～～～～ 不 整 合 ～～～～～～

下伏地层：石峡沟组　灰紫—紫红色具块状层理之粉砂岩，局部夹少量薄层细粒长石石英砂岩

【地质特征及区域变化】　本组总体上由一套紫红色粗—细粒碎屑岩夹泥灰岩、灰岩等构成。它们分布的东界约在东经106°10′附近（大罗山、牛首山以西）；北部至贺兰山南段的元山子地区西；南部大体分布于自同心县城以北至中卫县香山寺—沙堂家一线东北。向西北至内蒙古阿拉善左旗境内，腾格里沙漠中的通湖山、毛不拉湖等地亦有分布。

以上分布范围内的厚度变化大体以卫宁北山为中心，向四周渐薄，大岱沟—新寺山一带厚度可达2 366.2 m，中卫县沙堂家剖面厚度仅55 m（图4-2）。本组在区域内的延伸变化有一定规律可循，以前述石峡沟剖面为代表，其底部为44.2 m厚层砾岩（其砾石大小不一，分选差，次棱角状为主）；向上递变为紫红色长石石英砂岩、粉砂岩，前者常具板状斜层理，且底面有明显的冲刷面，后者具沙纹层理；上部则基本为灰白、紫红、灰绿色长石石英砂岩、粉砂岩、砂质灰岩等组成的韵律层，具水平层理、纹层；它们基本上构成一个自下而上，由粗变细的层序。卫宁北山东部、中宁县烟筒山及元山子等地大体与上述剖面一致，其底部厚层砾岩厚度，在中宁县烟筒山南部的四个圈剖面厚度达674.6 m，元山子剖面厚度632 m，大岱沟—新寺山剖面厚度242.3 m，总的东部偏厚，向西南渐薄。

以狼嘴子剖面为代表，本组底部未见厚层砾岩，下部基本为紫红色中细粒长石石英砂岩、岩屑石英砂岩和粉砂岩、粉砂质泥岩、泥岩呈不等厚互层夹少量生物碎屑灰岩透镜体；上部则以灰紫—紫红、灰白色中细粒长石石英砂岩为主，夹紫红色泥质钙质粉砂岩、粉砂质泥岩等，顶

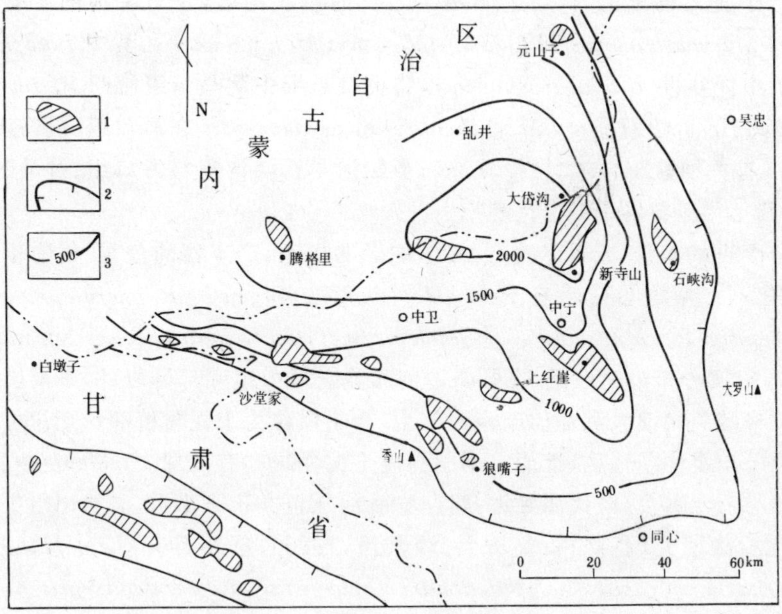

图4-2　宁夏及邻区老君山组露头分布及等厚线图

1. 老君山组露头；2. 老君山组沉积盆地边界；3. 等厚线(单位:m)

部并夹多层钙质胶结砾岩。自本剖面向西至中卫干柳树、沙堂家等剖面的岩石组合序列均基本相似,亦即底部无厚层砾岩,剖面总体的结构,其碎屑岩自下而上,呈现由细变粗之势,有别于东部地区。

本组与上覆地层接触关系在西南部与前黑山组呈平行不整合接触,卫宁北山中西部见不整合,至新寺山以东即见臭牛沟组平行不整合超覆于本组之上,及至黄河以东牛首山地区,则见本组以平行不整合与上覆土坡组接触。

第二节　年代地层单位及生物组合特征

分布于中宁野猪沟—同心照花井一带的照花井组产丰富的海相动物化石(化石名单详见正层型),其中四射珊瑚 *Crassilasma* 一属在亚洲等地出现于晚奥陶世至早志留世,*Pseudophaulactis*,*Tungussophyllum* 等属是北欧早志留世常见属。床板珊瑚以 *Palaeofavosites*,*Mesofavosites* 为主,*Favosites* 数量少,是世界早志留世蜂巢珊瑚群的共同特征。*Multisolenia* 多分布于中志留世早期,而 *Halysites*,*Parastriatopora*,*Helioplasmolites* 是我国扬子区和西北部分地区早—中志留世常见属。腕足类 *Eospirifer sinensis dasifiliformis* 不晚于早志留世,*Nalivkinia* 一属多见于我国下、中志留统。安太庠等(1990)研究了采自照花井地区的牙形石,认为其中最重要的是产于本组下部灰岩中的 *Pterospathodus posteritenus*,时代属早志留世中期。综上所述,本组时代可能为早志留世中期—中志留世早期。

平行不整合覆于照花井组之上的旱峡组,在照花井剖面产腕足类 *Whitefieldella* sp.;双壳类 *Actinopteria* sp.;牙形石(安太庠等,1990)*Roundya* sp.,*Panderodus* sp. 等,但均不能用以论证其本组时代归属。当前只能依旱峡组所处层位推断属晚志留世。

不整合于香山群之上、伏于老君山组之下的石峡沟组，在石峡沟剖面中—上部产鱼类：*Bothriolepis niushoushanensis* 和 *Quasipetalichthys* cf. *haikouensis*。其中 *Bothriolepis* 一属在我国主要产于中泥盆世，*B. niushoushanensis* 特征接近湘中跳马涧组所产 *B. sinensis* 和滇东海口组所产 *B. tungseni*；特别是 *Quasipetalichthys* cf. *haikouensis* 在海口组、跳马涧组中均与上述 *Bothriolepis* 有关种紧密共生，这样就进一步加强了石峡沟组与海口组、跳马涧组在层位上对比的佐证，其年代应归属中泥盆世晚期。

不整合于石峡沟组(或更老地层)之上的老君山组，产丰富的鱼类、植物化石，近年来又发现介形类化石。鱼类化石计有 *Remigolepis zhongningensis*，*R. microcephala*，*R. xixiaensis*，*R. zhongweiensis*，*R. xiangshanensis*，*Sinolepis szei*，*Galeaspida* gen. et sp. indet. 等。其中以 *Remigolepis* 一属分布最为广泛，在石峡沟剖面除老君山组底部砾岩外，不同层位均有产出。它的分布在东格陵兰和澳大利亚的新南威尔士，产出层位为上泥盆统弗拉斯阶—法门阶。在中国它首次发现于宁夏中宁地区，继而在湖南醴陵上泥盆统亦有发现。*Sinolepis* 一属在南京五通组上部与 *Asterolepis* 共生，时代属晚泥盆世晚期。故从鱼类化石来看，老君山组应归属晚泥盆世。

植物化石经研究(赵修祜、吴秀元、顾其昌，1986)，重要者有：*Leptophloeum rhombicum*，*Sublepidodendron mirabile*，*Eolepidodendron wusihense*，*Lepidodendropsis hirmeri*，*Hamatophyton verticillatum*，*Sphenopteris taihuensis*，*Ningxiaphyllum trilobatum*，*Archaeocalamites* sp. 等，植物组合总体面貌与我国南方的晚泥盆世五通植物群基本一致，其中 *Leptophloeum rhombicum* 为世界性晚泥盆世标准分子。故与鱼类化石论证的时代是一致的。

新近在宁夏老君山组发现的介形类化石，在中卫红泉乡大柳树沟剖面第5层有：*Briartina* sp.，*Leperditia* sp.，*L. equianguleris*；中卫宣和乡狼嘴子剖面第12层产 *Leperditia* sp.(以上为南京地质古生物研究所施从广鉴定)。这些介形类化石据鉴定者的意见为海相介形类，时代为晚泥盆世晚期，层位与云南尧梭组相当。这不仅为老君山组时限属晚泥盆世提供了新的佐证，而且可说明在宁夏地区老君山组并非纯陆相地层。

第三节　老君山组沉积相的讨论

顾其昌等(1987)参与总结宁夏陆相泥盆系时，曾认为："中宁组上部可能夹滨海相沉积"。之后，在开展1:5万区域地质调查过程中，于中卫红泉大柳树沟、宣和狼嘴子等地发现了海相介形类化石，这样首先从生物方面证实了这种可能。我们又于1993年野外核查中宁石峡沟剖面时，在该剖面第25层灰绿色粉砂质细晶灰岩中亦发现介形类化石。所有这些发现向我们提出了一个重新认识和研究宁夏老君山组沉积相的问题，使我们不得不在这里就这个问题作些粗浅的讨论。

宁夏东部石峡沟地区，老君山组底部为厚数十米之厚层砾岩，砾石大小不一，杂乱无序，显然具有山麓堆积相的特征，向上递变为砂砾岩、砂岩、粉砂岩组成的韵律层，常具板状斜层理、水平层理等，沉积物具明显的河流二元结构，属河流相沉积。上部(石峡沟剖面第24—27层)，由紫红、灰绿色粉砂岩、砂质灰岩夹浅灰色灰岩，以往认为属湖相沉积，我们在野外核查中对该剖面再观察时发现，其层理类型以水平层理为主，砂岩中时见有冲洗层理，故具滨海相特征，加之在第25层灰岩中发现海相介形类化石，证实这些灰岩并非淡水灰岩，而是海相灰岩。在大岱沟—新寺山剖面，下部与石峡沟剖面类似，但上部自第27层始，见夹薄层结晶灰岩，向上则以紫红色钙质粉砂岩、泥岩为主，夹紫红—灰绿色灰岩、泥灰岩等，至顶部(第36层，厚度414.4 m)则为紫红色钙质泥岩夹板状泥灰岩。以上情况可与石峡沟剖面对比，其灰岩等可能属海相。综上所述，在宁夏东部老君山组自下而上为山麓堆积相—河流相—浅海相沉积。

在香山地区狼嘴子及红泉大柳树沟一带，老君山组底部，未见山麓堆积相砾岩，岩性为一套紫红色砂岩、粉砂岩，夹含海相介形类的生物灰岩、深灰色灰岩透镜体；碎屑岩的层理，除见板状斜层理、水平层理外，尚有部分代表滨海相沉积的冲洗层理，由于反映在现有资料上，冲洗层理与板状斜层理尚未做到妥善的区分，因而还不能编制出相柱状剖面，但总的来看为一套海陆交互相沉积，当无多大问题。

从以上所述宁夏地区的老君山组沉积相，代表了北祁连地区东部沉积盆地的情况，它表明宁夏地区晚古生代海侵从晚泥盆世开始，但海侵方向尚待今后进一步研究。西部甘肃靖远沙流水及至古浪一带的老君山组，是另一个沉积盆地，那里有无海相沉积尚有待工作，不能一概而论。

第五章
石炭纪—三叠纪

宁夏的石炭纪—三叠纪地层出露以石炭系—二叠系分布较广泛（图 5-1），三叠系主要集中分布于贺兰山中—北段和灵武磁窑堡、石沟驿地区。其岩石地层序列，在宁夏南部地层小区自下而上可划分为：前黑山组（C*q*）、臭牛沟组（C$\hat{c}$）、土坡组（C*t*）、太原组（CP*t*）、大黄沟组（P*d*）、红泉组（P*h*）和五佛寺组（T*w*）；华北西缘地层分区自下而上为羊虎沟群（CPY）——土坡组（C*t*）和太原组（CP*t*）、山西组（P$\hat{s}$）、石盒子组（P$\hat{s}h$）、孙家沟组（P*sj*）、刘家沟组（T*l*）、和尚沟组（T*h*）、二马营组（T*e*）、大风沟组（T*d*）和上田组（T$\hat{s}$）。

图 5-1　宁夏石炭纪—二叠纪地层露头分布图

1. 石炭纪地层露头；2. 二叠纪地层露头

第一节　岩石地层单位

前黑山组　C*q*　（64-0043）

【创名及原始定义】　甘肃省地质局区测队（1976）在内蒙古阿拉善左旗前黑山地区建立前黑山组。其原始定义为：“由砾岩、砂岩、泥灰岩、灰岩等组成的滨海、局部为泻湖相含盐岩石地层，相当于杜内期的沉积。”

【沿革】　以往 1∶20 万区调工作中，均将本组划为臭牛沟组下部。1963 年宁夏综合地质队钾盐分队，曾将宁夏南部的臭牛沟组自下而上划为骡子沟段、大石头井段和校育川段，本组大约相当骡子沟段—大石头井段下部。甘肃省地质局区测队（1976）建立了前黑山组。作者认为：位于甘肃省武威城西南 35 km 之臭牛沟组正层型，依其层位和岩石组合特征并不包括本组在内，而是较臭牛沟组层位更低的另一个岩石地层单位，故采用前黑山组一名。

【现在定义】 本组平行不整合于老君山组或更老地层之上。下部为灰白—浅红灰色中厚层钙质砂岩、砂砾岩夹砂质灰岩透镜体；中部为深灰—浅灰色厚层灰岩、白云岩夹石膏质泥岩（或石膏层）；上部则以灰、紫红色、灰黄色泥岩、粉砂岩为主，夹中—细粒石英砂岩等。其上与臭牛沟组为连续沉积，一般以臭牛沟组底部细砾岩、中厚层石英砂岩作为两者分界标志。

【层型】 正层型为内蒙古阿拉善左旗前黑山剖面。次层型为宁夏中卫干柳树—孙家滩剖面（位于宁夏中卫县红泉乡干柳树西南 2 km。起点坐标：105°24′，37°12′。宁夏地质矿产勘察院 1992 年测制）。

上覆地层：**臭牛沟组** 底部为一层厚度 70 cm 之浅灰色硅质细砾岩，往上为浅灰色中—厚层硅质细粒石英砂岩

——————— 整 合 ———————

前黑山组 总厚度 279.90 m

11. 紫红色泥岩夹浅灰色中层钙质微粒石英砂岩及少量灰色中—薄层砾屑灰岩，中部尚夹一层厚度 50 cm 之浅灰色砂砾岩。砂岩发育沙纹层理 44.90 m
10. 杂色（以紫红色为主，次为黄灰、灰色）泥岩，夹灰色中—薄层砂质砾屑灰岩。后者含鱼化石碎片 38.60 m
9. 浅灰色中层钙质细粒、微粒石英砂岩夹紫红色泥岩及灰色中层泥晶灰岩，砂岩当钙质含量高时可过渡为砂质灰岩。砂岩含植物化石碎片 6.80 m
8. 杂色（紫红、土黄、黄绿）粉砂质泥岩，泥岩夹深灰色中—厚层泥晶灰岩。泥岩含不规则钙质小结核 11.30 m
7. 深灰色厚—中层泥晶灰岩夹灰色薄层微晶灰岩。前者有时见含燧石条带和褐铁矿结核，后者发育水平纹层 69.20 m
6. 灰色薄层微晶灰岩夹深灰色中层微晶灰岩。前者发育水平纹层，后者含少量燧石条带或结核 19.30 m
5. 深灰色厚—巨厚层微晶鲕粒灰岩 9.30 m
4. 下部为紫红色粉砂质泥岩；上部为灰绿、灰黄等杂色粉砂质泥岩，顶部见有淋滤状褐铁矿团块 29.10 m
3. 浅红灰色厚层钙质细粒、细—微粒长石石英砂岩。砂岩层底部含脉石英小砾石 21.80 m
2. 浅灰色块状砂质微晶灰岩，风化面呈疙瘩状 6.20 m
1. 底部为一层厚 2 m 之灰白—浅红灰色硅质含砾中粒石英砂岩，往上为紫红、灰白色中层硅质中粒石英砂岩夹紫红色粉砂质泥岩，上部夹一层厚 1 m 之浅红灰色含砾屑微—粉晶白云岩。砂岩发育大型板状斜层理 23.40 m

－－－－－－－ 平行不整合 －－－－－－－

下伏地层：**老君山组** 紫红色中—薄层钙质微粒长石石英砂岩夹紫红色泥岩、粉砂质泥岩

【地质特征及区域变化】 本组总的特征下部以碎屑岩为主，夹少量碳酸盐岩；中部以钙、镁碳酸盐岩为主，夹膏盐沉积（石膏质泥岩、石膏层等）；上部为杂色（灰、灰黄、紫红）泥岩、粉砂岩、砂岩等组成。

在区内本组大体以干柳树—孙家滩剖面为中心，向四周延伸，自卫宁北山向东到中宁县新寺山一带则趋于尖灭；其东部分布范围没有越过牛首山—大罗山一线以西；自中宁—中卫

一线向北，卫宁北山虽较发育，但至贺兰山南段的内蒙古阿拉善左旗新井地区则不见其踪迹。向西南本组即延入内蒙古黑山和甘肃省景泰、靖远等地区。

本组是一个自下而上为碎屑岩相—碳酸盐岩相—碎屑岩相组合序列。在不同地区各部分发育情况不尽一致，岩石类型亦有一定差异。本组下部碎屑岩相在一般情况下以灰—灰白色砂岩为主，富含钙质，并常夹灰岩、砂质灰岩透镜体；中部碳酸盐岩相变化较大，一般由厚层—中层碳酸盐岩、泥岩构成，有的以灰岩为主体夹泥岩、粉砂岩（如干柳树剖面、中卫单梁山剖面），但有的则以白云岩、白云质灰岩为主夹石膏、食盐假晶、杂色泥岩（如中卫余丁、下河沿、干柳树等地）；上部碎屑岩相，在干柳树剖面则以杂色泥岩为主夹砂岩、砂质灰岩等，单梁山剖面亦与之类似，及至东部中宁余丁地区，中—粗粒砂岩明显增多并夹粉砂岩、泥岩等。在东南部中宁十字坡剖面本组总厚度 123 m，岩性以砂质灰岩为主体夹少量长石石英砂岩。

臭牛沟组　$C\hat{c}$　（64－0044）

【创名及原始定义】　1925 年袁复礼于甘肃武威县城西南 35 km 之臭牛沟创名臭牛沟层。原始定义为：“臭牛沟层是维宪期的沉积，下部为石英岩状砂岩和页岩、含植物化石；上部为富含化石的石灰岩及页岩。命名剖面厚度 135 m。与下伏南山岩系呈平行不整合接触，与上覆太原岩系为连续沉积。”

【沿革】　在宁夏以往地质和 1：20 万区调工作中，均将前黑山组包括于本组的下部，统称臭牛沟组。本次对比研究恢复袁氏所创臭牛沟层的岩石地层含义，改称臭牛沟组。

【现在定义】　本组整合覆于前黑山组之上。下部为灰—灰白色厚—中层细—中粒石英砂岩；中部为浅灰—灰黑色泥岩、页岩、砂质泥岩，夹中—薄层细粒石英砂岩；上部为中—厚层灰岩、生物灰岩与粉砂岩、泥岩互层，灰岩至同心、中卫、中宁东部渐减。其上与土坡组为连续沉积，一般在灰岩、生物灰岩之上出现厚层砂岩即为土坡组底界。

【层型】　正层型为甘肃武威臭牛沟剖面。次层型为宁夏中卫干柳树—孙家滩剖面（位于宁夏中卫县红泉乡干柳树西南 2 km。起点坐标：105°24′，37°12′。宁夏地质矿产勘察院 1992 年测制）。

上覆地层：**土坡组**　浅灰—灰白色厚—中层硅质含砾粗粒、中—粗粒、中粒、细粒石英砂岩，近底部夹一层厚 1.5 m 之灰白色硅质中砾岩，下部夹一层灰色粉砂质泥岩

——————　整　合　——————

臭牛沟组　　总厚度　310.30 m

24. 深灰色厚—中层含燧石条带细晶灰岩，含牙形石：*Gnathodus bilineatus*，*Lochriea commutata*，*Hindeodus* sp.，*Hindeodella* sp.，*Neoprioniodus* sp.；含腕足类：*Echinoconchue punctatus*，*E. elegans*，*E. balinensis*，*Eomarginifera* sp.，*E. timanica*，*Dictyoclostus latus*，*Pugilis pugiliformis*，*Athyris* sp.，*Spiriferella* sp.，*Avonia* sp.，*Martiniopsis uchbulakensis*，*Overtonia* sp.，*Fluctuaria* sp.，*Schizophoria* sp.；三叶虫：*Ditomopyge* sp.，*Brachymetopus* sp.；苔藓虫：Goniocladiidae，*Fenestella* sp.；有孔虫：*Asteroarchaediscus* sp.，*Archaediscus* sp.，*Neorarchaediscus* sp.，*Mediocris* sp.；双壳类：*Palaeoneilo*? sp.　58.40 m
23. 深灰色中层粉晶灰岩夹灰色泥岩、页岩。灰岩含腕足类 *Athyris* sp. 及牙形石碎片　18.30 m
22. 深灰色厚层含生物碎屑结晶灰岩，生物碎屑主要为腕足类和有孔虫。含牙形石：*Gnathodus bilineatus*，*Hindeodella* sp.，*Hindeodus minutus*　3.80 m

21. 灰—深灰色粉砂质泥岩、泥岩 15.80 m

20. 灰色中层生物碎屑灰岩夹黄灰色粉砂质泥岩、泥岩。灰岩含苔藓虫：*Fenestella* sp.，*Septopara* sp.，Goniocladiidae 2.80 m

19. 灰—黑色泥岩、页岩夹两层褐红、浅红灰色中层钙质微粒石英砂岩。砂岩含腕足类：*Plicochonetes* sp.，*Echinoconchus elegans*；泥岩含植物：*Paripteris* sp.，*Carpolithus* sp. 48.80 m

18. 浅灰色厚—中层硅质微—细粒石英砂岩。含不规则铁质团块 6.30 m

17. 杂色（以灰色为主，次为紫红、浅黄）泥岩，下部夹少量碳质页岩。泥岩含铁钙质结核 31.70 m

16. 浅灰色厚—中层硅质细粒石英砂岩。上部含铁质高，风化面呈褐红色 28.50 m

15. 浅黄绿、灰色泥岩夹三层浅灰绿、浅灰色中层微粒石英杂砂岩，泥岩含淋滤状铁质团块 18.30 m

14. 底部为一层厚 0.5 m 之灰白色硅质细砾岩，往上为浅灰—浅红灰色中—厚层硅质微粒石英砂岩。砾石棱角—次棱角状，由脉石英组成，分选性较好 33.20 m

13. 杂色（黄、灰、浅绿灰、深紫）泥岩，底部夹一层浅灰色中层钙质微粒石英砂岩。泥岩含钙铁质结核 16.30 m

12. 底部为一层厚 70 cm 之浅灰色硅质细砾岩，往上为浅灰色中—厚层硅质细粒石英砂岩。砾岩中砾石呈棱角状—次棱角状，成分几乎由脉石英组成 28.10 m

—————— 整 合 ——————

下伏地层：**前黑山组** 紫红色泥岩夹浅灰色中层钙质微粒石英砂岩及少量灰色中—薄层砾屑灰岩，中部尚夹一层厚 50 cm 之浅灰色砂砾岩

【地质特征及区域变化】 本组的延伸范围与前黑山组基本一致，亦即包括牛首山—大罗山一线以西，中宁、中卫、同心的广大地区，至贺兰山南段新井等地则缺失本组。次层型干柳树—孙家滩剖面厚度 310.3 m，下部由浅灰—灰白色中—细粒石英砂岩夹浅灰—灰色（少数杂色）泥岩组成；中部递变为深灰—灰黑色泥岩、页岩夹少量灰岩；上部则有厚度 76.7 m 之深灰色厚—中层灰岩、含燧石条带灰岩等。在中卫香山地区大体与此情况类似。及至宁卫北山的单梁山地区，厚度减至 280 m 左右，自下而上由灰黄色中粒石英砂岩为主递变为灰黑色钙质粉砂岩夹石英砂岩、页岩等，仅顶部夹有一层灰黑色微粒灰岩。至东部的余丁剖面厚度减至 140.6 m，情况与单梁山剖面类似，其中仅中部见夹少量泥灰岩、粉砂质灰岩。同心骡子沟剖面厚度 305.2 m，其下部为中—粗粒石英砂岩、砾岩、砂砾岩夹少量页岩、泥岩，上部则以灰黑色碳质页岩为主，近顶部夹少量薄层泥灰岩、白云质灰岩。

综上所述，本组岩性自下而上，由中—粗碎屑岩递变为碎屑岩—泥岩（粉砂岩）组合；至上部则为泥岩（粉砂岩）—灰岩等；灰岩在中卫香山西部较发育，及至中宁、中卫、同心东部地区渐少，甚至不见灰岩等碳酸盐岩沉积。

羊虎沟群 CPY (64-0068)

【创名及原始定义】 1924 年葛利普据洛采（Loczy）等人资料而创立羊虎沟系一名（英文原始名 Yangfoukou formation，汉译名曾写为羊埠口系）。其原始定义为：“沿南山山脉北坡，页岩和石灰岩，以一层底砾岩不整合地盖在南山系之上。富含代表华北太原系底部的动物群。”

【沿革】 50 年代至 60 年代初，羊虎沟群（组）一名，人们是指北祁连地区与华北本溪组相当的那段地层（中国科学院地质研究所，1956；李星学，1964；等）。因而在这一时期内该区石炭系上部多自下而上划为羊虎沟群、太原组。以后由于生物地层不断取得进展，70 年

代，人们从羊虎沟群下部划出靖远组（李星学等，1974），80年代将原靖远组中—上部划出另立红土洼组（吴秀元等，1987）。宁夏贺兰山北段的石炭纪地层，丁培民（1960）首次提出自下而上划为本溪组、太原组；中宁、中卫和同心地区自下而上划为靖远组、羊虎沟组和太原组（宁夏区调队，1978）。本次对比研究提出，在宁夏羊虎沟群从下而上可分土坡组、太原组。

【现在定义】 本群整合（或平行不整合）于臭牛沟组之上、伏于大黄沟组之下，为一套由灰—灰黑色砂岩、页岩、灰岩透镜体及薄煤层相互叠置组成的韵律性沉积，进一步可自下而上划分为土坡组、太原组。

【层型】 选层型为甘肃永昌红山窑剖面。

【地质特征及区域变化】 本群为灰白—灰黑色碎屑岩，泥岩夹灰岩、煤层等组成的韵律性沉积。在贺兰山等地土坡组可直接超覆于奥陶系或更老地层之上。宁夏东部缺失土坡组，太原组平行不整合于马家沟组之上，向西至甘肃靖远、永昌等河西走廊地区，羊虎沟群的土坡组与太原组的划分、标志和特征则不明显，可统称羊虎沟组。

土坡组　C*t*　(64-0045)

【创名及原始定义】 斯行健、李星学（1954）称产维斯发C期植物化石的地层为土坡煤系。原始定义为："土坡地区离中宁城东南约40 km。土坡煤系植物化石已经斯行健和李星学描述，是属于中石炭纪上部，它的层位大致相当中国北方的本溪系。"

【沿革】 自斯氏等创名土坡煤系（1954）后，又将其扩大到中宁大石头井地区使用，并认为其时代属维斯发A—C期（斯行健、李星学，1956）。中国科学院地质研究所（1956）将吴忠、同心、中卫一带上（?）中石炭统称土坡系。60年代以后，于卫宁北山地区曾创立石磨沟组、单梁山组（宁夏区测队，1975）；因生物地层的进展，曾有（自下而上）靖远组、羊虎沟组（宁夏区调队，1978），中卫组、靖远组、羊虎沟组（刘志才等，1983）等划分方案。本书作者认为在宁夏羊虎沟群可分为两个组，下称土坡组，上称太原组。"靖远组"、"中卫组"是生物地层单位，不宜采用。

【现在定义】 本组不整合于马家沟组（或更老地层）之上（北部地区），或与下伏臭牛沟组呈整合—平行不整合接触（中宁、中卫、同心一带及黄河以北卫宁北山地区）；其岩性为灰—灰白色粗—细粒石英砂岩与深灰—灰黑色粉砂岩、页岩、泥岩呈韵律互层，偶夹泥灰岩、生物灰岩透镜体及薄煤层；与上覆太原组为连续沉积。

【层型】 斯氏等建立土坡煤系时未指定层型，兹选中卫干柳树—孙家滩土坡组剖面为选层型（位于宁夏中卫县红泉乡干柳树西南2 km。起点坐标：105°24′，37°12′。宁夏地矿局地质矿产勘察院1992年测制）。

上覆地层：**太原组**　灰色中—厚层泥质中粒石英砂岩。下部含细砾

——————— 整　合 ———————

土坡组　　总厚度　362.70 m

44. 灰—深灰色页岩、粉砂质页岩夹三层黄褐—灰色厚—中层泥质细—微粒长石石英砂岩及少量灰色粉砂岩、深灰色灰岩透镜体。砂岩发育交错层理。灰岩中产菊石：*Gastrioceras* sp.；牙形石：*Idiognathodus magnificus*，*I. delicatus*，*Streptognathodus* sp.　32.00 m
43. 褐灰—灰色中—薄层泥质微粒长石石英砂岩夹灰色粉砂质页岩、页岩及深灰色灰岩透镜体　21.90 m
42. 深灰色泥岩、页岩夹深灰色灰岩透镜体。泥、页岩含钙质结核　7.80 m
41. 灰色薄层钙质微粒长石石英砂岩、粉砂岩夹少量粉砂质页岩　10.30 m

40. 底部为灰—褐灰色厚—中层泥质细粒石英砂岩，往上为褐灰色中—薄层钙质微—细粒长石石英砂岩 4.50 m

39. 深灰色页岩夹浅黄色粉砂质泥岩，含钙质、泥质结核 5.80 m

38. 灰、深灰色粉砂质页岩、黑色页岩夹三层浅褐灰色中层微粒长石石英砂岩 29.20 m

37. 灰、深灰色粉砂质页岩、黑色页岩，下部夹一深灰色灰岩透镜体，上部页岩中含泥灰质结核 10.50 m

36. 浅褐灰色中层铁质微粒长石石英砂岩 10.20 m

35. 灰—深灰色粉砂质页岩、黑色页岩，近底部夹一深灰色灰岩透镜体，上部夹有少量灰色粉砂岩 18.30 m

34. 灰—深灰色粉砂质页岩、黑色页岩夹浅褐灰—灰色中层硅质微粒长石石英砂岩 9.40 m

33. 灰—深灰色粉砂质页岩、黑色页岩，夹深灰色灰岩透镜体。灰岩含腹足类：*Subulites* sp. 53.20 m

32. 灰—深灰色粉砂质页岩，黑色页岩夹四层浅黄灰色中层钙质微粒长石石英砂岩，下部尚夹浅黄灰—灰色粉砂岩，上部夹深灰色灰岩透镜体。砂岩含植物：*Stigmaria ficoides* 33.30 m

31. 灰色粉砂质泥岩、黑色页岩，中部夹一层厚 1.2 m 之深灰色白云质微晶灰岩。灰岩含腕足类：*Dictyoclostus* sp.，*Linoproductus* sp.；腹足类：*Meekospira* sp. 6.70 m

30. 下部为浅黄灰色厚层钙质细—微粒长石石英砂岩；中—上部为灰白色厚层细—微粒长石石英杂砂岩，发育大型板状斜层理 6.70 m

29. 黑色页岩夹少量黑色碳质页岩及深灰色泥晶灰岩透镜体。灰岩含头足类：*Gastrioceras* sp.，*G. wongi*，*G. listeri*，*G.* cf. *weristerense*，*Ramosites* sp.，*Decorites* sp.，*Verneuilites* sp.，*Ningxiaceras* sp.，*Wiedeyoceras* sp.，*Donetzoceras* sp.；腕足类：*Ovatia* sp.，*O. ovata*，*Linoproductus* sp.，*Antiquatonia inflata*；双壳类：*Septimyalina* sp.，*Modiolus* sp.；腹足类：*Bellerophon* sp. 23.80 m

28. 浅灰—浅黄灰色中层钙质微粒石英砂岩夹少许灰色粉砂质页岩。后者含植物化石碎片 5.20 m

27. 黑色页岩、碳质页岩，偶夹煤线，中部夹深灰色富含有机质泥晶灰岩透镜体。产头足类：*Liroceras* sp.，*Bilinguites* ? sp.，*Cancelloceras* sp.，*Arkanites* sp.；植物：*Mesocalamites* ? sp. 17.70 m

26. 灰色粉砂质泥岩夹灰色中—薄层硅质微粒石英砂岩。泥岩、砂岩均含植物化石碎片 9.40 m

25. 浅灰—灰白色厚—中层硅质含砾粗粒、中—粗粒、中粒、细粒石英砂岩，近底部夹一层厚 1.5 m 之灰白色硅质中砾岩，下部夹一层灰色粉砂质泥岩 46.80 m

———————— 整　合 ————————

下伏地层：**臭牛沟组**　深灰色厚—中层含燧石条带细晶灰岩

【地质特征及区域变化】　本组在中卫、中宁至同心一带与下伏臭牛沟组为连续沉积，其中黄河以南厚 350 m 左右，最底部常以厚层粗—细粒石英砂岩、砂砾岩与下伏臭牛沟组顶部灰岩、泥灰岩夹页岩分界，标志明显；下部为灰黑色页岩、砂质页岩、中—细粒石英砂岩组成的韵律层，其页岩中常夹灰岩透镜体（多呈椭球状）；中、上部则为由灰—灰黑色砂质页岩、页岩与长石石英砂岩组成的韵律层，其中砂岩成层性较好。至卫宁北山地区之单梁山—大石头井一带，厚度剧增至 2 400 m 以上，其底界以厚—中层石英岩状砂岩、石英砂岩与下伏臭牛沟组呈平行不整合接触；下部为一套中—薄层石英砂岩与灰黑色页岩（局部变质为泥板岩）互层，后者常夹厚度 1～10 cm 的生物灰岩透镜体和泥灰质结核；中、上部则为中—厚层石英砂岩夹灰—灰黑色页岩、粉砂岩组成并偶夹可采煤层，其中砂岩单层沿走向分布稳定，成层性较好。自卫宁北山向北至贺兰山南段的内蒙古阿拉善左旗新井附近，始见本组以不整合覆于香山群之上，且厚度锐减至 100～400 m，其岩石组合，下部仍为砂岩、页岩夹灰岩，中、上部则为石英砂岩夹页岩等。及至贺兰山中段苏峪口一带，厚度减至 154.3 m，其岩性主要由石英砂岩、粉砂质页岩组成。贺兰山北段呼鲁斯台石炭井一带，本组厚度 380 m，不整合覆于寒武系或更老地层之上，其岩性下部为中—厚层石英砂岩夹页岩和生物灰岩、灰岩 1～2 层，中、上部为砂岩与页岩不等厚互层，偶见夹灰岩透镜体。自呼鲁斯台向东至沙巴台一带，厚度 278.7 m，其岩石组合与呼鲁斯台类似。

综上所述，本组岩石组合总体特征是：下部为石英砂岩夹页岩及灰岩透镜体，中、上部则为石英砂岩与粉砂岩、砂质页岩、页岩呈不等厚互层，其中砂岩单层稳定性均较好。与下伏地层接触关系，在中宁—中卫黄河以南及同心地区与臭牛沟组连续沉积，黄河以北的卫宁北山地区则与臭牛沟组呈平行不整合接触，及至贺兰山南段则本组直接超覆于奥陶系或更老地层之上。

太原组　CP*t*　(64-0046)

【创名及原始定义】　1922 年翁文灏、葛利普（A W Grabau）于山西太原西山创名太原系。原始定义“指华北晚古生代含煤地层的下部。”

【沿革】　在宁夏地区关士聪、车树政(1955)将贺兰山北段的本组划归卡布其煤系一部分。随着煤田地质工作的进展，丁培民(1960)首次将太原组一名用于贺兰山区，以后 1：20 万区调和煤田等部门的地质工作者广泛用于指宁夏石炭纪上部含煤地层。

【现在定义】　指华北平行不整合于奥陶系之上，位于月门沟群下部，由海陆交互相沉积的页岩夹砂岩、煤、石灰岩组成的地层。宁夏本组与下伏土坡组、上覆山西组均为连续沉积，为深灰—灰黑色页岩、泥岩夹灰—灰白色砂岩及灰黄色生物灰岩透镜体，一般含可采煤层 2～4 层，顶以风化的褐黄—灰黄色厚层中—粗粒长石石英砂岩之底面作为本组与上覆山西组分界。

【层型】　正层型在山西太原市西山。在宁夏以中卫上河沿剖面和贺兰山北段之内蒙古阿拉善左旗呼鲁斯台剖面为次层型（中卫上河沿剖面位于宁夏中卫县常乐乡上河沿西 1 km。起点坐标：105°02′，37°27′。刘志才、阎成 1992 年测制）。

上覆地层：**大黄沟组**　长石石英砂岩等

——————　整　合　——————

太原组　　　　总厚度　141.30 m

32. 深灰色页岩夹薄层钙质粉砂岩　　4.50 m
31. 深灰色中厚层生物屑灰岩，风化面呈黄褐色。产䗴类：*Schwagerina moelleri aequalis*, *S. exuberata macra*, *S. mulliuscula*, *S. paramoelleri*, *S. thompsoni*, *S. cucumeriformis*, *Triticites ningxiaensis*　　1.10 m
30. 深灰色粉砂质页岩夹薄层粉砂岩。产植物：*Pecopteris* sp.　　2.60 m
29. 灰褐色薄—中厚层中细粒长石砂岩　　1.50 m
28. 深灰色页岩夹粉砂质页岩及煤线　　9.80 m
27. 灰色中厚层生物屑灰岩，风化面呈黄褐色。产䗴类：*Schwagerina paramoelleri*, *S. thompsoni*, *S. nobilis*, *Triticites ningxiaensis*, *T. noinskyi plicatus*　　1.50 m
26. 深灰色页岩夹粉砂岩　　8.90 m

25. 浅灰—灰白色薄—中厚层细粒长石石英砂岩，中部为深灰色页岩 11.90 m

24. 深灰色粉砂质页岩 5.30 m

23. 深灰色灰岩。产䗴类：*Schwagerina paramoelleri*，*S. obtusa* 1.10 m

22. 深灰色粉砂质页岩夹细粒长石石英砂岩及煤线 15.00 m

21. 灰色中厚层灰岩，风化面呈土黄色。产䗴类：*Schubertella transitoria*，*Schwagerina* sp. 1.50 m

20. 深灰色粉砂质页岩夹薄煤层 5.00 m

19. 褐灰、浅灰色中厚层中粒长石石英砂岩 3.00 m

18. 深灰色粉砂质页岩夹碳质页岩 5.00 m

17. 深灰色薄层生物屑灰岩。产䗴类：*Schwagerina yukouensis*，*S. postcallosa* 1.00 m

16. 浅灰色中厚层生物屑灰岩。产䗴类：*Sphaeroschwagerina* sp，*S. subrotunda*，*S. glomerosa*，*Schwagerina cervicalis*，*Pseudoschwagerina minuta*；腕足类：*Dictyoclostus taiyuanfuensis*，*Meekella* sp. 12.60 m

15. 灰黑色页岩夹少量薄层砂岩及煤层。产植物：*Lepidodendron incertum*，*Pecopteris candolleana*，*Annularia* cf. *stellata* 22.00 m

14. 灰白色中厚层长石石英粗砂岩 28.00 m

——————— 整　合 ———————

下伏地层：**土坡组**　黑色页岩及粉砂质页岩夹泥灰岩透镜体

【地质特征及区域变化】　本组在一般情况下，以灰—灰黑色页岩、泥岩为主夹灰岩透镜体和砂岩等，含可采煤层为主要特征，野外宏观色调以灰黑色为主，其中所夹砂岩单层稳定性较差，且在剖面上页岩数量相对较少；与下伏土坡组连续沉积，具体界线可在岩性递变为黑色页岩（泥岩）为主时，下推一层砂岩的底面作为本组底界；考虑到本区灰岩透镜体在不同剖面上数量不一，稳定性差，不便以某层灰岩作为本组顶界，故我们在贺兰山中—北段，以大量灰黑色页岩（泥岩）终结，出现灰黄色厚层砂岩（底部有一煤层）的底界作为本组顶界、山西组底界。在中卫一带，本组灰黑色页岩减少后，其上出现厚层灰—灰黄绿色长石石英砂岩，即为上覆大黄沟组。在宁夏东部灵武盐池地区（约东经107°左右），若干钻井深部揭示，本组直接以平行不整合超覆于马家沟组之上，岩性以长石石英砂岩、黑色泥岩为主夹可采煤层。本组厚度变化较小，一般110～180 m，唯呼鲁斯台地区可达524.9 m，灵武盐池地区深钻井一般厚度80 m左右。

大黄沟组　P*d*　(64-0064)

【创名及原始定义】　孙健初（1936）于甘肃祁连山北坡创名大黄沟系。原始定义为：“整合于俄博系之上，岩石为绿色砂岩、页岩，产 *Annularia stellata*，*Sphenophyllum emarginatum*，*Shenopteridium pseudogermanica*，*Callipteris*，*Tingia*，*Carbonia*，时代为二叠纪。”

【沿革】　自孙氏创名大黄沟系后，50年代后期人们多改称大黄沟群。在宁夏进行1∶20万同心幅区调时（宁夏区测队，1965）首次在中卫—同心地区划出大黄沟群，沿用至今。

【现在定义】　整合于羊虎沟群之上、红泉组红色页岩之下的一套灰绿、灰白、黄绿色砂岩、页岩组合，含丰富的植物化石。宁夏大黄沟组为一套黄绿、灰绿色中粗粒凝灰质砂岩、凝灰岩、火山角砾岩等，与下伏太原组平行不整合接触，与上覆红泉组整合接触。

【层型】　正层型在甘肃大黄沟。次层型为宁夏中卫深井剖面（位于宁夏中卫县兴仁堡北西30 km。起点坐标：105°01′，37°08′。宁夏区测队1961年测制）。

上覆地层：**红泉组** 中粗粒泥质胶结层凝灰岩

——————— 整 合 ———————

大黄沟组	总厚度 75.80 m
7. 灰绿、紫红色中粒凝灰质砂岩	23.80 m
6. 黄绿色中粗粒层凝灰岩	26.80 m
5. 黄绿色绿泥石胶结火山角砾岩	1.90 m
4. 暗绿色细粒绿泥石胶结层凝灰岩	9.50 m
3. 灰绿色中粗粒层凝灰岩	1.90 m
2. 浅绿色细粒凝灰质砂岩	1.90 m
1. 灰绿色中粒钙质胶结凝灰岩	10.00 m

——————— 平行不整合 ———————

下伏地层：**太原组** 灰黑色页岩

【地质特征及区域变化】 本组在区内仅零星出露于香山西南部的海原县油井山、深井、同心县新断头等地。中卫深井剖面厚度 75.8 m，岩性为灰绿和黄绿色凝灰质砂岩、中粗粒层凝灰岩夹火山角砾岩等。新断头厚度 129 m，岩性与深井剖面一致。兴仁堡油井山地区厚约 165 m，岩性以黄绿色凝灰质砂岩、中粗粒砂岩为主，夹少量紫红色粉砂岩。

红泉组 P*h* (64－0066)

【创名及原始定义】 本组为梁建德 1977 年在甘肃永昌红泉地区创名。原始定义为："断续出露于永昌县大泉及山丹县安桥子，为紫红色粗砂岩、含砾粗砂岩，顶部夹六层石髓层，在西部具轻变质作用，部分变为粉砂质板岩。属陆相沉积。含植物及介形类化石。厚 40 m。"

【沿革】 本组原为孙健初 1936 年所建窑沟砂岩的下部，在宁夏地区以往多以窑沟群称之（宁夏区测队，1965)。本次清理与甘肃省商定后采用红泉组一名。

【现在定义】 本组是整合于大黄沟组之上以紫红色为主要特征的一套砂岩、含砾粗砂岩、砾岩、粉砂岩，夹少量灰绿色细砂岩、页岩、硅质泥灰岩的岩石组合含较多火山碎屑岩，在灰绿色层中偶含植物、介形虫化石。与下伏大黄沟组以红色层始现分界。与上覆五佛寺组平行不整合接触。

【层型】 正层型为甘肃永昌红泉剖面。次层型为宁夏同心大井沟剖面（位于宁夏同心县平岭子乡大井沟沟口。起点坐标：105°59′，37°10′。宁夏地质矿产勘察院 1993 年测制）。

上覆地层：**寺口子组** 褐红色粗砾岩

~~~~~~~~ 不 整 合 ~~~~~~~~

红泉组	总厚度 665.40 m
12. 肉红色中层中—中细粒硅质、钙质长石石英砂岩与紫红、灰绿色中—厚层粉砂质泥岩呈韵律层(18 个)，韵律层下部砂岩由下至上发育块状—平行层理、板状交错层理、大型楔状交错层理	407.90 m
11. 肉红色中层中—中细粒硅质长石石英砂岩，沿走向可变为灰绿色凝灰质砂岩，见不清晰的平行层理	58.00 m
10. 紫灰、绿灰色中层含细粒、中粒长石石英砂岩—灰绿色中层中粒凝灰质砂岩—浅绿灰色中层粗砂岩韵律层。沿走向可变为浅肉红色、紫红色长石石英砂岩	67.70 m
9. 褐红、褐灰、肉红色中层砾岩、细砾岩—含砾中粗粒长石石英砂岩、中细粒长石石英砂岩—中细砾岩、中砾岩	26.70 m
~~~~~~~~

8. 绿灰、褐灰、褐红色中层细粒凝灰质长石石英砂岩—绿灰色中层粉砂岩韵律层（7个），前者沿走向变为紫红色含砾长石石英砂岩，细砾岩中发育平行层理 78.40 m

7. 灰白、浅肉红色中厚层细砾岩—含细砾中粒凝灰质石英砂岩—中细粒凝灰质石英砂岩。中部夹少量灰紫红色薄层粉砂岩、绿灰色页岩、灰黑色含碳质页岩。砂岩中发育楔状交错层理 26.70 m

——————— 整 合 ———————

下伏地层：**大黄沟组** 页岩

【地质特征及区域变化】 本组以紫红色碎屑岩为主（在中卫深井地区，含较多的火山碎屑岩）有别于下伏大黄沟组。同心大井沟剖面厚度665.4 m，为紫红夹灰绿色中细粒长石石英砂岩、凝灰质砂岩，下部常夹砾岩、细砾岩和细碎屑岩等，上部常夹紫红、灰绿色砂质泥岩。中卫深井剖面厚度516.7 m，上部为紫红、灰白、灰绿色砂岩、粉砂岩，下部由紫红色凝灰岩、凝灰质砂岩及火山熔岩组成。

五佛寺组 T*w* (64－0057)

【创名及原始定义】 本组系王德旭于1983年在甘肃景泰五佛寺地区创名。原始定义为："指景泰县五佛寺一带以灰白、紫红色为主夹灰绿、黑色长石石英砂岩，底部为灰白色含砾长石石英粗砂岩，含早三叠世植物及孢粉的地层。"

【沿革】 本组原属孙健初（1936）创名之西大沟系下部，以后演变为西大沟群。1983年王德旭将西大沟群自下而上分为五佛寺组和丁家窑组。本书依此方案，但宁夏未见后者出露。

【现在定义】 本组与上覆地层丁家窑组为整合接触，区内未见。与下伏地层红泉组为连续沉积。其岩性为灰红色长石石英粗砂岩、中细粒砂岩与灰白色长石石英粗砂岩、中细粒砂岩不等厚互层，间夹紫红色砂质泥岩。砂岩普遍发育砂球构造及大型斜层理。

【层型】 正层型为甘肃景泰县五佛寺十里沟—冬青沟剖面。次层型为宁夏中卫老圈沟剖面（位于宁夏中卫县香山寺南西12 km。起点坐标：105°01′，37°07′。宁夏地质矿产勘察院1992年测制）。

五佛寺组 总厚度 ＞337.60 m

2. 浅灰红色薄—中层中—细粒长石石英砂岩夹少量紫红色薄层泥岩或透镜体，发育板状斜层理，具砂球构造（未见顶） ＞145.70 m

1. 浅灰红色中层泥质细粒长石石英砂岩，发育水平层理，具砂球构造，含石英小砾石 191.90 m

——————— 整 合 ———————

下伏地层：**红泉组** 紫红色含钙质结核粉砂质泥岩、粉砂岩夹浅灰红色中层铁质中细粒长石石英砂岩

【地质特征及区域变化】 本组在宁夏仅见于中卫县西部老圈沟等地，厚度337.6 m，为浅灰红色薄—中层中—细粒长石石英砂岩夹少量紫红色泥岩。砂岩中发育板状斜层理，具砂球构造，此为本组重要标志。

山西组 P$\hat{s}$ (64－0021)

【创名及原始定义】 E Blackwelder于1907年在太原市西山创名山西系。原始定义为："指山西广泛分布的晚古生代含煤地层及其上的红色岩层；整合于寒武系—奥陶系之上，上覆地层不明。"

【沿革】 E. Blackwelder所创名山西系在创名地包括了当今所称太原组、石盒子组甚至石千峰群在内。之后，经T G Halle（1927）等研究修订，将其限定在原指太原组与石盒子组之间的那段地层。

在宁夏关士聪、车树政1955年曾将本组划归“卡布其煤系”。随着煤田地质工作的开展，丁培民（1960）首次从贺兰山区的二叠系下部划出山西组，之后被广泛采用。

【现在定义】 本组与下伏太原组及上覆石盒子组均连续沉积，为灰白色（风化后表面灰黄）厚—薄层细—粗石英砂岩、硬砂质石英砂岩与灰—灰黑色泥岩、砂质页岩、粉砂岩呈不等厚韵律层，夹可采烟煤层1～5层；与上覆石盒子组呈整合接触，一般以大量出现砂岩夹黄绿色泥岩—粉砂岩为界线，划归石盒子组。

【层型】 正层型在山西太原西山。次层型为宁夏石嘴山沙巴台剖面（位于宁夏石嘴山惠农县沙巴台北西约5 km。起点坐标：106°36′，39°19′。宁夏区调队1979年测制）。

上覆地层：**石盒子组** 灰白色厚层中粗粒石英砂岩含少量云母碎片

——————— 整 合 ———————

山西组	总厚度 68.80 m
28. 浅灰—灰白色薄层细粒石英砂岩，中部夹少量灰黄色粉砂质页岩	11.40 m
27. 烟煤层	3.40 m
26. 灰黑色页岩，底部有一层厚1.5 m之灰白色薄层含云母碎片之细粒石英砂岩	6.30 m
25. 灰色页岩夹薄层中—细粒石英砂岩，前者中夹煤线	8.40 m
24. 烟煤层	2.00 m
23. 灰色页岩夹少量灰白色薄层细粒石英砂岩	13.00 m
22. 灰白色中厚层含砾中—粗粒硬砂质石英砂岩	24.30 m

——————— 整 合 ———————

下伏地层：**太原组** 无烟煤层

【地质特征及区域变化】 山西组底界风化面为褐黄—灰黄色厚层中—粗粒长石石英砂岩夹煤层，顶部见大量砂岩夹黄绿色泥岩即归为石盒子组。基本岩性为灰白色厚—薄层砂岩与灰—灰黑色泥岩、砂质页岩、粉砂岩不等厚互层，其中夹烟煤数层。

沙巴台剖面厚度为68.8 m，由浅灰—灰白色薄层细粒石英砂岩、灰白色中厚层含砾中—粗粒硬砂质石英砂岩组成，其中夹烟煤层2～3层。在石炭井一带，岩性与沙巴台剖面相似，厚约140 m。在呼鲁斯台一带厚度为116.4 m，为浅灰—灰白色厚层粗粒石英砂岩夹浅灰—灰黄色砂质页岩、页岩等，夹煤层2～5层。黄旗口—苏峪口一带，厚度约为154.8 m，岩性为浅灰黄—灰色页岩、粗砂质页岩、粉砂岩与灰色中厚层中粒石英砂岩、含砾中粒硬砂质砂岩不等厚互层，其中烟煤1～3层。宁夏东部，本组未见出露于地表，据钻孔资料，其岩性与贺兰山区的相似，厚度在灵武横山堡地区一般为40.0～70.0 m，同心县韦州地区厚度增至80.0～100.0 m。

石盒子组 $\hat{P}sh$ （64-0022）

【创名及原始定义】 1922年诺林（E Norin）在太原西山创名石盒子系。原始定义为：“石盒子系分为下石盒子系和上石盒子系，下石盒子系几乎全由灰、绿、黄等色的泥质沉积物和淡色的砂岩组成；上石盒子系则以巧克力色的沉积物为主要成分。以骆驼脖杂砂岩为下界，以大羽羊齿带为上界。”

【沿革】 在宁夏地区，关士聪、车树政（1955）曾将本组划为“白云乌素层”和“滴沥帮乌素层”的一部分。丁培民（1960）首次在贺兰山区划分出下石盒子组、上石盒子组，以后为1：20万区调及煤田普查勘探等工作沿用至今，本次清理将以上二者统称石盒子组。

【现在定义】 本组下部由灰白—灰黄绿色中—厚层石英粗砂岩与灰绿、黄绿色粉砂岩、泥岩构成韵律互层，上部为灰白—灰黄绿色中—厚层石英粗砂岩夹杂色（灰绿、紫红）泥岩、粉砂岩；与下伏山西组和上覆孙家沟组为整合接触，并以其杂色泥岩、粉砂岩递变为紫红色泥岩、粉砂岩的界面作为本组与孙家沟组的分界，以始现大量灰—黄绿色砂岩、粉砂岩作为与下伏山西组分界。

【层型】 正层型在山西太原西山。次层型为宁夏石嘴山沙巴台剖面（位于宁夏石嘴山市惠农县沙巴台北约5 km。起点坐标：106°36′，39°19′。宁夏区调队1979年测制）。

上覆地层：**孙家沟组** 灰白色中厚层含砾粗粒长石石英砂岩

——————— 整 合 ———————

石盒子组	总厚度 262.80 m
39. 紫红色泥岩与黄绿色薄层粉砂岩互层	15.30 m
38. 灰白色中厚层含砾中—粗粒石英砂岩夹黄绿—紫红色薄层细粒长石石英砂岩	90.30 m
37. 黄绿—紫红色薄层粉砂岩夹灰白色中厚层中粒石英砂岩	23.70 m
36. 灰黄色中厚层中—粗粒石英砂岩，局部含少量砾岩	3.90 m
35. 黄绿色薄层粉砂岩夹少量紫红色薄层粉砂岩	17.40 m
34. 灰白色厚层含砾粗粒石英砂岩	5.10 m
33. 黄绿色薄层细粒石英砂岩、粉砂质页岩夹灰黄色中层细粒石英砂岩，含较多的云母碎片	37.80 m
32. 灰黄色中厚层含砾中—粗粒石英砂岩	14.90 m
31. 黄绿色中厚层中粒石英砂岩与灰黄绿色薄层砂岩、粉砂质页岩不等厚互层，含云母碎片	20.50 m
30. 灰黄绿色薄层粉砂岩、砂质页岩夹黄绿色中层细粒硬砂质石英砂岩	32.00 m
29. 灰白色厚层中粗粒石英砂岩含少量云母碎片	1.90 m

——————— 整 合 ———————

下伏地层：**山西组** 浅灰—灰白色薄层细粒石英砂岩，中部夹少量灰黄色粉砂质页岩

【地质特征及区域变化】 本组下部为灰白—灰黄绿色中厚层中粗粒石英砂岩与灰绿、黄绿色粉砂岩、泥岩韵律互层；上部为灰白、灰黄绿、紫红色中厚层粗—中细粒石英砂岩夹灰绿、紫红色粉砂岩、泥岩等。

沙巴台剖面厚度262.8 m，下部为灰白—灰黄绿色中—厚层中粗粒石英砂岩、含砾粗粒石英砂岩、细粒石英砂岩等与黄绿色、灰黄绿色薄层粉砂岩、砂质页岩、粉砂质页岩等不等厚互层，上部为灰白、灰黄绿色中厚层含砾中粗粒石英砂岩夹黄绿、紫红色细砂岩、粉砂岩、泥岩等。石炭井一带厚度333.0 m，为灰白—灰黄色中粗粒石英砂岩、含砾石英砂岩夹黄绿、紫红色粉砂质泥岩、泥岩、粉砂岩或两者互层。呼鲁斯台地区厚度344.3 m，为灰白色中厚层细—粗粒石英砂岩、含砾粗粒石英砂岩与浅黄绿色、灰绿色、紫红色砂质页岩不等厚互层。灵武、盐池及同心东部地区，厚度390.0～429.3 m，为灰白、绿色粗粒砂岩与绿、灰黑色粉砂岩、泥岩不等厚互层；上部为紫红、灰绿色砂质泥岩、泥岩与紫红、灰白色细—粗粒砂岩不等厚互层。

石千峰群　PTŜ　(64-0063)

【创名及原始定义】　1922年诺林（E Norin）在山西太原西山创名石千峰系。原始定义为："太原石千峰山、关头村一带，石盒子系以上的巧克力色、暗红色砂岩、泥灰岩互层。包括：(1) 银杏植物带；(2) 石膏泥灰岩带；(3) 砂岩带三部分。1924年，诺林将银杏植物带下移归入石盒子系。"

【沿革】　中国科学院山西地层队刘鸿允等（1959）研究山西宁武县孙家沟剖面时，改称石千峰统，并自下而上建立了孙家沟组、刘家沟组及和尚沟组。以后人们多采纳此划分方案，并将石千峰统改为石千峰群。

在宁夏地区，中国科学院地质研究所（1956）将贺兰山—桌子山区"白云乌素统"之上，延长统之下的紫红色地层划为石千峰系，曾一度广泛使用。以后，在贺兰山区1∶20万区调时，又将上石盒子组之上、"纸坊群"之下的这段地层划为石千峰组。宁夏区域地层表编写组（1980）将马家滩地区的上石盒子组之上，"纸坊组"之下的这段地层自下而上划分为石千峰组、刘家沟组及和尚沟组。本次对比研究认为，宁夏地区的石千峰群基本可采用刘鸿允等划分方案，并厘定其现在定义。

【现在定义】　本组由红、暗紫、浅灰、黄绿色长石砂岩、泥岩、泥质粉砂岩组成。自下而上包括：孙家沟组、刘家沟组、和尚沟组。与下伏石盒子组、上覆二马营组均为连续沉积。

【层型】　本群正层型在山西太原石千峰山。

【地质特征及区域变化】　本群以紫红—鲜红色碎屑岩、泥岩为主体，沉积厚度较大，其延伸变化情况分别见所属各组。

孙家沟组　*Psj*　(64-0040)

【创名及原始定义】　为中国科学院山西地层队刘鸿允等（1959）据山西宁武县孙家沟剖面创名。原始定义为："一套紫红、黄白色粗粒长石石英砂岩与紫红色砂质泥岩及粉砂岩互层。粉砂岩或泥岩中具层状分布的钙质结核及瘤状泥灰岩的透镜体或条带。它和下伏地层以一层稳定的灰绿色或灰紫色含砾粗粒长石石英砂岩分界。"

【沿革】　在宁夏以往1∶20万区调中（如1982年）将连续沉积于上石盒子组之上、伏于"纸坊群"之下的一段地层统称石千峰组。宁夏区域地层表编写组（1980）将马家滩地区覆于上石盒子组之上、伏于刘家沟组之下的一段地层称石千峰组。西安地质学院区调队（1992），将石千峰群下部划出，而另建"沙巴台组"。本次对比研究认为石千峰群下部应为孙家沟组。

【现在定义】　本组主要由红色、砖红色泥岩、粉砂质泥岩，夹长石砂岩等岩性组成。红色泥岩中常含钙质结核，有时夹泥灰岩透镜体。底界为首次出现红色泥岩（或其下红色砂岩）的底面，分界线上下常可见黑、白色燧石层；顶界为上覆地层刘家沟组砂岩之底面；上、下均为整合。宁夏区内贺兰山北段一带有鲜红色英安—流纹质凝灰岩等。

【层型】　正层型为山西宁武县孙家沟剖面。次层型可以贺兰山北段之呼鲁斯台剖面（位于内蒙古阿拉善左旗呼鲁斯台乌兰煤矿东南2 km。起点坐标：106°16′，39°14′。宁夏区调队1978年测制）。

上覆地层：**刘家沟组**　褐红色细粒长石石英砂岩、粉砂岩

——————整　合——————

孙家沟组　　　　总厚度 170.00 m

53. 灰红—鲜红色英安质玻屑凝灰岩夹深灰色流纹质凝灰岩	8.00 m
52. 浅灰绿、紫红色薄—中厚层细粒长石石英砂岩、粉砂岩	14.00 m
51. 浅灰绿、紫红薄—中厚层细粒长石石英砂岩、粉砂岩	7.20 m
50. 浅灰—浅灰绿色细—粗粒硬砂质长石石英砂岩夹少量粉砂岩	75.30 m
49. 紫红色间夹黄绿色薄层粉砂岩、粉砂质泥岩及中粗粒长石石英砂岩	35.00 m
48. 浅灰黄绿色夹少量紫红色薄—中厚层细粒长石石英砂岩，底部颗粒较粗，时含少量砾石	1.90 m
47. 浅灰白色厚—中厚层砂砾岩夹砾岩，含少量砾粗粒长石石英砂岩	28.60 m

———— 整　合 ————

下伏地层：**石盒子组**　灰绿色砂质页岩、厚层粉砂岩夹深灰色砂砾岩

【地质特征及区域变化】　孙家沟组主要为红、砖红、紫红、灰绿色泥岩、泥质粉砂岩、粉砂质泥岩等与黄绿色、灰白色含砾长石石英砂岩、长石砂岩、中粗粒长石石英砂岩等组成韵律层。中—上部的紫红色泥岩中，夹有泥灰岩透镜体、结核。贺兰山北段呼鲁斯台—沙巴台一带，其上部有鲜红色英安—流纹质凝灰岩。

呼鲁斯台剖面厚度 170.0 m，下部为紫红色厚—中厚层细粒长石石英砂岩；中部为浅黄绿色中厚层中细粒长石石英砂岩，砂岩层的底面有时出现少量砾石；上部为紫红色细粒长石石英砂岩夹浅黄色中层中—细粒长石石英砂岩，顶部为一层厚 8.0 m 的灰红—鲜红色英安质玻屑凝灰岩夹深红色流纹质凝灰岩，含灰质结核及泥灰岩透镜体。石炭井孙家沟组厚度 146.0 m，为暗紫色薄层泥质粉砂岩与灰绿色厚层长石石英砂岩、含砾长石石英砂岩不等厚互层，其上部含有较多含泥结晶灰岩结核，顶部为一层厚 44.0 m 黄绿色泥质粉砂岩夹暗紫色中厚层长石石英砂岩，及夹 3～4 层玻屑凝灰岩、晶屑凝灰岩和薄层安山质凝灰岩。宁夏东部地区灵武横山堡—鸳鸯湖一带，据井下资料本组粒度明显变细；盐池鸳参一井孙家沟组厚度 238.0 m，为棕红、紫红、棕褐色砂质泥岩、泥质粉砂岩夹灰绿、棕红等色砂岩。内蒙古鄂托克前旗任三井孙家沟组厚度 93.0 m，为棕紫色泥岩与灰绿色长石石英砂岩、含砾长石石英砂岩等互层。

刘家沟组　T*l*　(64-0041)

【创名及原始定义】　系中国科学院山西地层队刘鸿允等（1959）在山西宁武县刘家沟创名。原始定义为："以一套较为单一的灰白色和浅紫红色的细粒砂岩为主，夹有薄层泥岩及层间砾岩。砂岩具有非常发育的交错层理，砂岩层面上有暗紫色砂质团块，并有微层理。"

【沿革】　在宁夏贺兰山地区石千峰群（组）以往未作进一步划分（中国科学院地质研究所，1956；宁夏区调队，1982；等)，唯宁夏区域地层表编写组（1980）在马家滩地区划出刘家沟组。此次对比研究对以往资料研究和野外核查后认为，贺兰山区原石千峰组中部可划为刘家沟组。

【现在定义】　本组为数十个以上交错层理较发育的红、浅灰红色长石砂岩（数米）—红色粉砂质泥岩（数十厘米）构成的韵律层。下伏地层为以红色泥岩为主的孙家沟组，上覆地层为以红色泥岩为主的和尚沟组，与上、下地层均呈整合接触。在宁夏本组由交错层理发育的灰红—灰绿色砂岩、砂砾岩夹红色粉砂质泥岩、粉砂岩组成。

【层型】　正层型为山西宁武县孙家沟剖面。次层型为宁夏石嘴山石炭井红石布勒格剖面（位于宁夏石嘴山市石炭井红石布勒格。起点坐标：106°20′，39°12′。宁夏区调队 1989 年测制）。

上覆地层：**和尚沟组**　暗紫红色厚层泥质粉砂岩

——————— 整　合 ———————

刘家沟组	总厚度　114.90 m
17. 浅灰绿色厚层砂砾岩，粒度由下向上变细成粗砂岩	16.60 m
16. 浅灰紫色厚层砂砾岩	3.10 m
15. 暗紫色中厚层细粒长石石英砂岩夹暗紫色粉砂质泥岩	17.20 m
14. 暗紫色中厚层含砾长石粗砂岩	4.30 m
13. 暗紫色薄层粉砂质泥岩夹粗砂岩及泥质粉砂岩	8.00 m
12. 浅灰紫色厚层砂砾岩	3.10 m
11. 暗紫色厚层含砾粗粒长石石英砂岩夹粉砂质泥岩	26.40 m
10. 暗紫色粉砂岩夹长石石英砂岩	21.60 m
9. 灰绿色粉砂质泥岩与粉砂岩不等厚互层	2.30 m
8. 黄绿色厚层含砾粗粒长石石英砂岩，其下部含砾较多	4.90 m
7. 浅灰色中厚层砾岩	7.40 m

——————— 整　合 ———————

下伏地层：**孙家沟组**　黄绿色泥质粉砂岩夹暗紫色中厚层长石石英砂岩，夹 3～4 层薄层玻屑凝灰岩、晶屑凝灰岩和安山质凝灰岩

【地质特征及区域变化】　刘家沟组由灰紫红、褐红、灰白等色含砾长石石英砂岩、砂砾岩、石英砂岩夹红、紫红、褐红等色泥质粉砂岩、粉砂岩、粉砂质泥岩等组成。其粒度较下伏孙家沟组及上覆和尚沟组为粗，且岩层的宏观色调较下伏、上覆地层浅（灰红、灰绿、灰白色为主）。

石炭井红石布勒格剖面厚度 114.9 m，为紫、暗紫、灰白、灰绿、浅灰紫色中厚层含砾粗粒长石石英砂岩、砂砾岩和暗紫、灰绿色薄层粉砂质泥岩呈不等厚韵律层。呼鲁斯台地区剖面厚度 73.8 m，为灰白、灰绿、紫色厚层砂砾岩、砾岩、中细粒长石石英砂岩与粉砂岩不等厚韵律层。宁夏东部一带，刘家沟组地表仅零星出露，据井下资料，盐池地区厚度 92.0 m，为灰绿、棕灰色长石砂岩与紫灰、棕褐色泥质砂岩、泥质粉砂岩、砂质泥岩互层。

和尚沟组　T*h*　（64－0042）

【创名及原始定义】　系 1959 年刘鸿允等于山西宁武县和尚沟创名。原始定义为："是一套鲜红色砂质泥岩、泥质粉砂岩夹钙质泥质细砂岩系。该组与上覆二马营'统'以其底部一层灰黄绿、红绿色中细粒石英砂岩底面为界。"

【沿革】　自创名和尚沟组以来，宁夏区域地层表编写组首次使用于马家滩地区的石千峰群上部地层。本次对比研究认为，宁夏石千峰群上部可划为和尚沟组。

【现在定义】　本组主要由红、砖红色泥岩、粉砂质泥岩夹少量长石砂岩组成，与上、下地层均为整合。其下伏地层为刘家沟组，以长石砂岩结束，大量红色泥岩出现分界；上覆地层为二马营组，以大量红色泥岩结束，厚层灰绿色长石砂岩出现为界。在宁夏本组岩性以紫红色粉砂岩、粉砂质泥岩为主夹长石砂岩、长石石英砂岩等。

【层型】　正层型为山西宁武县孙家沟剖面。次层型为宁夏石嘴山石炭井红石布勒格剖面（起点坐标：106°20′，39°12′。宁夏区调队 1989 年测制）。

上覆地层：**二马营组**　黄绿色厚层含泥砾石英砂岩

——————— 整 合 ———————

和尚沟组	总厚度 253.60 m
38. 浅紫红色粉砂质泥岩，其中含较多的含泥结晶灰岩结核	14.30 m
37. 黄绿色厚层石英砂岩	55.70 m
36. 暗紫色泥质粉砂岩夹浅灰绿色厚层含泥砾长石石英砂岩	2.90 m
35. 浅灰绿色厚层含泥砾长石石英砂岩	6.90 m
34. 暗紫色泥质粉砂岩夹浅灰绿色中厚层含泥砾长石石英砂岩	13.00 m
33. 浅灰绿色厚层含泥砾长石石英砂岩	11.60 m
32. 暗紫色粉砂质泥岩夹灰绿色厚层长石石英砂岩	34.10 m
31. 浅灰绿色厚层细粒长石石英砂岩夹暗紫色薄层泥质粉砂岩	17.30 m
30. 暗紫色泥质粉砂岩	6.60 m
29. 浅灰略带暗紫色厚层长石石英砂岩	4.20 m
28. 杂色砾岩，向东延伸 200 m 相变为砂岩	1.80 m
27. 暗紫红色薄层泥质粉砂岩	9.00 m
26. 浅灰略带暗紫色中厚层长石石英砂岩夹暗紫色砂质泥岩	10.30 m
25. 暗紫色细粒长石杂砂岩夹浅灰略带暗紫色细粒长石石英砂岩	11.30 m
24. 浅灰绿色厚层长石石英砂岩	7.10 m
23. 暗紫色薄层泥质细粒长石杂砂岩夹浅灰紫色中厚层细粒长石石英砂岩	22.10 m
22. 浅灰绿色厚层长石砂岩	3.40 m
21. 暗紫色薄层泥质粉砂岩夹暗紫色中厚层细粒长石砂岩	6.80 m
20. 浅灰绿—黄绿色中厚层粗粒长石石英砂岩	6.00 m
19. 灰绿色厚层含砾粗粒长石砂岩	2.70 m
18. 暗紫红色中厚层泥质粉砂岩	6.50 m

——————— 整 合 ———————

下伏地层：**刘家沟组**　浅灰绿色厚层砂砾岩，其粒度由下向上变细成粗砂岩

【地质特征及区域变化】　本组主要为紫红色泥岩、泥质粉砂岩夹长石砂岩及灰黄、灰绿色含泥砾长石砂岩等。贺兰山区的岩石粒度粗于宁夏东部地区，并且上部的红色泥岩中含有较多泥灰岩透镜体，与上覆二马营组为连续沉积，以红色泥岩、粉砂岩结束作为本组的顶界。

石炭井红石布勒格剖面厚度 253.60 m，为暗紫色泥质粉砂岩、粉砂质泥岩与浅灰绿色厚层含砾粗粒长石砂岩、粗粒长石砂岩、长石砂岩、长石石英砂岩等韵律层，夹有少量杂色砾岩，呈透镜状沿走向可相变为砂质泥岩等。石炭井西沟剖面厚度 104.2 m，为紫红色粉砂岩夹紫红、黄绿色中厚层中—细粒长石石英砂岩。宁夏东部地区和尚沟组地表出露零星，根据钻孔资料，盐池鸳参一井和尚沟组厚度 91.5 m，内蒙古鄂托克前旗任三井钻孔剖面厚度 108.0 m，主要为紫、棕紫、棕红、灰绿色泥岩、泥质粉砂岩夹长石石英砂岩、泥质砂岩、长石砂岩等。

二马营组 *Te*　(64-0039)

【创名及原始定义】　1959 年中国科学院山西地层队刘鸿允等在山西宁武县二马营建立二马营群。原始定义为："上为延长群所覆，下以灰黄间夹红、绿色中细粒石英砂岩与和尚沟组分界；其下部为灰黄间夹有红、绿色中细粒砂岩夹紫红色钙质砂质泥岩薄层或透镜体，上部由肉红色、绿色中粗粒长石石英砂岩夹暗紫色淡绿色钙质粉砂质泥岩，泥岩中含有钙质结核或石膏质结核。"

【沿革】 本组在宁夏地区曾划为石千峰群上部（中国科学院地质研究所，1956），之后宁夏区域地层表编写组（1980）首次从以往广义的石千峰群上部划出纸坊群，以后广为沿用（西安地质学院区调队，1992）①。经本次对比研究与华北、西北区有关省地层清理组研究后认为，分布于陕西、宁夏地区的纸坊组（群），比较山西二马营群，岩石组合特征差异不大，应统一采用最早创立的名称，故称二马营组。

【现在定义】 指华北区石千峰群之上，主要由灰绿色长石砂岩夹红色泥岩的一套地层。在宁夏本组与上覆大风沟组及下伏和尚沟组均为连续沉积，岩性以灰绿—灰紫色硬砂质长石石英砂岩、砂砾岩为主，夹少量紫红色泥岩、粉砂岩。砂岩、砂砾岩中常含紫红色泥岩、粉砂岩砾块和岩屑。

【层型】 正层型在山西宁武县二马营附近。次层型为贺兰山中段内蒙古阿拉善左旗哈拉乌沟剖面（起点坐标：105°51′，38°52′。宁夏区调队 1978 年测制）。

上覆地层：大风沟组　厚层砾岩等

———————— 整　合 ————————

二马营组	总厚度　1 290.90 m
16. 黄绿色中厚层砂砾岩	197.40 m
15. 黄绿色中厚层含砾粗粒硬砂岩夹黄绿色砂砾岩	140.60 m
14. 黄绿色中厚层砂砾岩夹黄绿色中厚层中粒硬砂岩	95.30 m
13. 黄绿色中厚层含砾中粒硬砂岩夹黄绿色中厚层砾岩	99.20 m
12. 黄绿色中厚层含砾中粒硬砂岩	54.10 m
11. 黄绿色中厚层中粒硬砂岩夹黄绿色薄层细粒硬砂岩	106.70 m
10. 黄绿色中厚层含砾中—细粒硬砂岩与黄绿色薄层中—细粒硬砂岩互层	140.70 m
9. 浅黄绿色中厚层中粒硬砂质石英砂岩夹灰色薄层细粒硬砂质石英砂岩	28.70 m
8. 浅黄绿色中厚层粗粒硬砂质石英砂岩夹黄绿色砂砾岩，局部夹少量薄层细砂岩	31.00 m
7. 黄绿色中厚层砂砾岩	73.90 m
6. 黄绿色中厚层含钙质粗粒硬砂岩，硬砂岩中发育紫红色纹层	21.10 m
5. 黄绿色中厚层砂砾岩	38.30 m
4. 黄绿色中厚层细粒石英砂岩	115.90 m
3. 灰白色中厚层含砾细粒石英砂岩，含紫红色砂岩、页岩的砾块	88.50 m
2. 灰白色中厚层细粒石英杂砂岩，含紫红色粉砂岩砾块	42.20 m
1. 灰白色中厚层中粒石英杂砂岩，岩石中含下伏地层的紫红色砂岩砾块	17.30 m

———————— 整　合 ————————

下伏地层：和尚沟组　黄绿色厚层细粒长石石英砂岩夹少量紫红色薄层粉砂岩

【地质特征及区域变化】 上述剖面厚度 1 290.9 m，为黄绿色中厚层砂砾岩、含砾粗—中细粒杂砂岩、细粒石英砂岩等；其下部灰白色中厚层含砾细粒石英砂岩、细粒石英砂岩；̣砂岩中常含下伏石千峰群中紫红色砂岩、粉砂岩及页岩的砾块、岩屑。石嘴山市西沟二马营组厚度 860.5 m，下部以紫红、黄绿色中—细粒长石石英砂岩为主，夹少量紫红色薄层粉砂岩，砂岩中亦含有石千峰群的紫红色砂岩、粉砂岩砾块；上部为紫红色中粗粒长石石英砂岩夹含砾砂岩、砂砾岩，碎屑较下部粗。石炭井红石布勒格剖面厚度大于 235.1 m，呼鲁斯台地区的

① 西安地质学院区调队，1992，1∶5 万呼鲁斯台幅、古拉本幅区域地质调查报告。

塔塔沟、磨盘井厚度约773.5 m，其岩性为黄绿、灰绿色夹紫红、灰紫色粗—中细粒长石石英砂岩、粗砂岩、砾岩、含砾砂岩、砂砾岩等。向南至苏峪口、贺兰沟一带，其岩性以灰绿、黄绿色厚—中厚层长石石英砂岩为主，厚度在900～1 200 m。

宁夏东部灵武、盐池地区，据地表出露及钻孔资料，为一套黄绿、灰绿、紫红色中厚层长石砂岩、硬砂质长石砂岩，夹有少量硬砂岩及紫红色泥岩，其沉积厚度明显小于贺兰山区，一般为600～650 m。

综上所述，区内二马营组的岩性下部以灰绿、黄绿、紫红色中—细粒长石石英砂岩为主，其中夹有紫红色粉砂岩、泥岩及砾岩等，砂岩中含有下伏和尚沟组紫红色泥岩砾块、岩屑为本组的一个重要标志（当紫红色砾块、岩屑含量较高时，可使岩石宏观色调呈紫红色）；上部为紫红、灰绿、黄绿色中粒长石石英砂岩、砾砂质长石石英砂岩、含砾长石石英砂岩、砂砾岩等。所以本组岩石组合为一自下而上由细变粗的碎屑岩沉积序列。

白芨芨沟群　T*B*　(64－0053)

【创名及原始定义】　西安地质学院区调队（1992）① 在贺兰山进行1∶5万区调时认为贺兰山北段三叠系上部与“陕北的延长群在岩性、岩相和古生物特征上有很大的差别”，从而建立白芨芨沟群，原始定义为：“与下伏地层二马营组为连续沉积。其岩性为灰白、浅灰、灰绿色中—厚层含砾长石岩屑砂岩、含砾岩屑粗砂岩、长石石英砂岩、含砾长石石英砂岩、岩屑长石砂岩、斑点状长石岩屑砂岩等。其中夹有黑色、深灰色泥质粉砂岩、粉砂质页岩、页岩、碳质页岩等。本群下分五个组，总厚二三千米，具植物、孢粉、介形虫化石，在平罗县汝箕沟鼓鼓台一带其顶部为玄武岩层。”

【沿革】　在宁夏以往本群多称延长群（中国科学院地质研究所，1956；宁夏区调队，1982；宁夏区域地层表编写组，1980；等），并依其岩石组合特征划分为五个(岩)组（宁夏区调队，1982）。西安地质学院区调队（1992）在贺兰山进行1∶5万区调时，建立白芨芨沟群，并以原来五个(岩)组为基础，自下而上建立了直沟组、大风沟组、下田组、中田组、上田组。

考虑到陕北地区已将二马营组之上、富县组之下这段地层划为延长组和瓦窑堡组两部分，这样不论从层位和岩石组合方面，原延长群一名已不便在宁夏继续使用，故而采用白芨芨沟群一名。

本群岩石组合特征基本上由两个大的沉积旋回构成，即下部砾岩—砂岩—粉砂岩、泥岩组成，相当原延长群第一至第三(岩)组；上部由砂岩—泥岩组成另一沉积旋回，相当原延长群第四、第五(岩)组。依上述两个旋回为基础划分两个组级岩石地层单位，有利于今后区调填图和区域地层对比和研究。因此，本书作者建议对本群下部，不采用直沟组、下田组而统以大风沟组代之；上部则停止使用中田组，而统称上田组。

【现在定义】　本群与下伏二马营组为连续沉积，与上覆延安组呈不整合接触。下部由灰—灰白、灰黄绿色砾岩、砂砾岩、岩屑石英砂岩、长石石英砂岩夹灰黑色粉砂岩、泥岩组成（大风沟组）；上部为灰黄绿色长石石英砂岩、灰黑色页岩、粉砂岩夹中—薄层长石石英砂岩组成，汝箕沟鼓鼓台等地顶部见凝灰岩及玄武岩层（上田组）。

【层型】　见本群隶属的大风沟组、上田组正层型。

【地质特征及区域变化】　见本群隶属各组有关部分。

大风沟组　T*d*　(64－0050)

---

① 西安地质学院区调队，1992，呼鲁斯太幅、古拉本幅1∶5万区域地质调查报告。

【创名及原始定义】 西安地质学院区调队（1992）在贺兰山进行1∶5万区调时，以延长群第二(岩)组为基础建立大风沟组。原始定义为:“厚度大于25 m,与上下地层均连续沉积。中下部为灰绿、浅灰绿色中—厚层—块状含砾长石岩屑粗砂岩、长石岩屑粗砂岩、岩屑长石砂岩、砂岩、砂砾岩及砾岩等；上部为灰绿色、深灰绿色厚层—块状长石岩屑砂岩、斑点状长石岩屑砂岩夹长石岩屑粗砂岩、含砾粗砂岩。砂岩中发育大—特大型板状斜层理。”

【沿革】 本组以往均被划为延长群的一部分，80年代初在开展1∶20万区调时，将贺兰山中—北段延长群自下而上划为五个(岩)组(宁夏区调队，1982)，本组属第一至第三(岩)组。西安地质学院区调队以第二(岩)组为基础建立大风沟组。

【现在定义】 本组与下伏二马营组、上覆上田组均为连续沉积。其下部岩性为一套浅灰—黄绿色厚—中层砾岩、砂砾岩、含砾砂岩、中粗粒岩屑砂岩、长石砂岩等粗碎屑岩，发育中—大型斜层理；上部为中细粒长石砂岩、岩屑砂岩夹灰黑色泥质粉砂岩、粉砂质泥岩、泥岩等。灵武一带上部所夹粉砂岩—泥岩以黄绿色为主。

【层型】 正层型为内蒙古阿拉善左旗直沟剖面，但该剖面上部未见顶。宁夏平罗大风沟剖面为副层型，是本组上部的重要补充，兹分别列于后。

直沟剖面（位于内蒙古阿拉善左旗呼鲁斯台西南8 km，南距平罗大风沟露天煤矿约7 km。起点坐标：106°11′，39°10′。西安地质学院区调队1992年测制）。

大风沟组　　　　总厚度　＞817.50 m

36. 下部为灰绿色中—厚层长石岩屑粗砂岩；上部为灰白色中—薄层斑点状长石岩屑砂岩（未见顶）　＞38.00 m
35. 灰绿色厚层—块状细—中粒石膏质岩屑长石砂岩夹含砾长石岩屑粗砂岩　37.40 m
34. 下部以浅灰绿色厚层—块状细—中粒斑点状长石岩屑砂岩为主；上部以灰绿色厚层—块状细—中粒长石岩屑砂岩为主　47.60 m
33. 灰绿色厚层—块状长石岩屑砂岩夹斑点状长石岩屑砂岩　63.10 m
32. 灰绿色厚层—块状长石岩屑砂岩、粗砂岩夹少量含砾粗砂岩　54.20 m
31. 深灰绿色长石岩屑砂岩、粗砂岩夹深灰色厚层—块状含砾中—粗粒长石岩屑砂岩　62.90 m
30. 灰白—淡灰绿色厚层—块状含砾长石岩屑粗砂岩、长石岩屑砂岩　19.50 m
29. 下部为浅灰绿色含细砾细—中粒岩屑长石砂岩；上部为灰绿色厚层岩屑长石粗砂岩，顶部为深黄绿色含粉砂质粘土岩（2 m）　64.50 m
28. 灰绿色薄层细—中粒岩屑长石砂岩　5.20 m
27. 浅灰绿色厚层岩屑长石粗砂岩、砂岩夹含细砾岩屑长石砂岩　16.80 m
26. 浅灰绿色厚层含砾细—粗粒岩屑长石砂岩，顶部为黑—深灰色砾质细—巨粒岩屑硅质长石砂岩　9.60 m
25. 灰绿色厚层—块状岩屑长石砂岩夹二层含泥砾粗砂岩或含砾条带　17.40 m
24. 灰绿色厚层含砾细—粗粒岩屑长石砂岩、岩屑长石粗砂岩互层夹一层灰绿色细—中粒钙质岩屑长石砂岩和黑云母长石砂岩　21.80 m
23. 浅灰绿色厚层含细砾长石岩屑粗砂岩，上部长石岩屑粗砂岩，顶部为深灰绿色薄层泥质粉砂岩（90 cm）　12.20 m
22. 灰绿色厚层中—粗粒岩屑长石砂岩，底部灰色厚层含砾细—粗粒铁质岩屑长石砂岩，顶部灰黑色细—粗粒铁质岩屑长石砂岩　22.50 m
21. 灰—灰绿色厚层—块状长石岩屑粗砂岩、长石岩屑砂岩　90.50 m
20. 浅灰绿色厚层—块状含砾长石岩屑粗砂岩与长石岩屑粗砂岩互层　19.30 m

19. 灰绿色厚层—块状含砾长石岩屑粗砂岩，底部（局部为细砾岩）为长石岩屑粗砂岩 10.50 m
18. 灰绿色厚层—块状含细砾细—中粒铁质岩屑长石砂岩夹少量深绿色薄层微—细粒铁质岩屑长石砂岩 19.20 m
17. 深—浅灰绿色厚层—块状细—中粒岩屑长石砂岩与含砾中—巨粒岩屑长石砂岩互层，底部为细砾岩（2.3 m） 18.90 m
16. 黄绿色厚层—块状硅质长石粗砂岩夹浅黄绿色含砾粗—巨粒沸石质长石砂岩 17.70 m
15. 灰白色厚层砾质中—粗粒长石岩屑砂岩 9.20 m
14. 灰白—浅灰绿色细砾岩、含砾细—粗粒长石岩屑砂岩夹黄绿色薄层长石岩屑砂岩 12.10 m
13. 浅灰绿色厚层—块状长石岩屑粗砂岩，上部黄绿色中层长石砂岩夹少量含砾粗砂岩透镜体或条带 8.30 m
12. 灰黑色厚层—块状含砾细—中粒岩屑长石砂岩，上部黄绿色厚层长石砂岩 5.60 m
11. 灰黄绿色薄层长石砂岩 3.60 m
10. 下部灰白色厚层含细砾中—粗粒长石岩屑砂岩；上部为黄绿色厚层长石砂岩 7.40 m
9. 深灰—黄绿色泥质粉砂岩、页岩，底部浅黄绿色长石岩屑砂岩（1.6 m）。产植物：*Neocalamites* sp.，*Cladophlebis* sp. 11.20 m
8. 黄绿色薄层中粒长石岩屑砂岩夹深灰绿色泥质粉砂岩 7.60 m
7. 深灰绿色夹紫红色团块状泥质粉砂岩、粉砂质泥岩夹黄绿色薄层长石岩屑砂岩 6.70 m
6. 灰白色中—厚层硅质石英粗砂岩 3.50 m
5. 灰白色厚层—块状含砾中粗粒长石岩屑粗砂岩夹含砾细砾岩条带 11.10 m
4. 下部灰白色厚层细砾岩、含砾粗砂岩；上部为黄绿色中厚层含砾长石岩屑粗砂岩、长石岩屑粗砂岩、砂岩 7.50m
3. 灰白色中厚层含细砾细—粗粒石英砂岩 — 6.20 m
2. 下部浅黄绿—灰白色厚—中层含砾中—巨粒长石岩屑砂岩，中部为黄绿色含细砾岩屑粗砂岩，上部深灰绿色细—中粒长石岩屑杂砂岩 27.10 m
1. 灰黑色块状粗砾岩夹灰白色含砾细—粗粒长石砂岩透镜体 21.60 m

——————— 整　合 ———————

下伏地层：**二马营组**　灰绿色厚层长石岩屑砂岩

平罗大风沟剖面（位于宁夏平罗县白芨芨沟下田附近。起点坐标：106°11′，39°05′。西安地质学院区调队1992年测制）。

上覆地层：**上田组**　浅灰绿—灰绿色厚层—块状岩屑富长石砂岩

——————— 整　合 ———————

大风沟组 总厚度 ＞482.78 m
29. 由深灰色中层细粒钙质岩屑长石砂岩、灰黑色薄层泥质粉砂岩夹黄色砂质灰岩条带和透镜体组成五个韵律 34.50 m
28. 上部灰黑色薄层泥质粉砂岩，下部为灰黑色中层长石砂岩、细砂岩夹泥质粉砂岩 14.40 m
27. 灰绿色厚层—块状长石砂岩 14.20 m
26. 深灰色中—厚层长石砂岩、细砂岩夹灰黑色粉砂质页岩、泥质粉砂岩 18.70 m
25. 浅灰绿色厚层—块状长石砂岩，局部含泥砾及泥岩透镜体 30.60 m
24. 上部灰绿色厚层长石石英细砂岩夹灰黑色泥质粉砂岩透镜体，下部为灰绿色厚—中厚层岩屑长石砂岩 31.08 m
23. 深灰色泥质粉砂岩夹灰绿色长石石英砂岩、长石石英细砂岩 26.60 m
22. 上部灰黑色薄层钙质细砂岩夹粉砂质页岩、粉砂岩，下部为浅黄绿色厚—中厚层岩

屑长石砂岩、粗砂岩夹灰绿色薄层泥质细粒杂砂岩 26.20 m

21. 灰绿色薄—中层长石石英细砂岩夹灰黑色、灰绿色泥质粉砂岩、粉砂质页岩 35.00 m

20. 浅黄绿色薄—厚层中—细粒长石石英砂岩 15.10 m

19. 上部灰黑—黄绿色页片状泥质粉砂岩夹浅黄色薄层长石石英细砂岩，下部为浅黄绿色薄层钙质长石砂岩 11.90 m

18. 上部深灰色、灰绿色泥质粉砂岩、粉砂质页岩，含砂质泥灰岩透镜体；中部浅灰绿色薄层钙质石英砂岩、细砂岩；下部浅黄绿色中—薄层长石石英砂岩，含介形虫 19.60 m

17. 由深灰色薄—中层细粒钙质长石砂岩到泥质粉砂岩组成向上变细的韵律。产植物：*Neocalamites* cf. *carrerei* 6.10 m

16. 黄绿色中层长石砂岩，顶部为灰绿色页片状泥质粉砂岩 24.30 m

15. 由黄绿色中—薄层中细粒钙质长石砂岩、灰绿—深灰色泥质粉砂岩组成两个韵律 11.80m

14. 底部灰—灰绿色泥质杂砂岩、细粒杂砂岩，往上为灰黑色泥质粉砂岩、粉砂质页岩；顶部泥质粉砂岩，产介形虫：*Tungchuania* cf. *agrestata* 14.70 m

13. 由灰黄色钙质细砂岩、灰黑色泥质粉砂岩、粉砂质页岩、灰绿—深灰色泥质粉砂岩组成五个韵律 11.40 m

12. 由深灰色中—薄层含钙质细砂岩、黄绿色页片状细砂岩、灰黑色页岩、粉砂质页岩、灰绿色泥质粉砂岩组成两个韵律 16.00 m

11. 上部灰黑色薄层泥质粉砂岩；中部灰黑色粉砂质页岩、页岩；下部灰绿色薄层含钙质长石石英细砂岩，产介形虫：*Tungchuania aurita* 10.30 m

10. 深灰色中—厚层含钙泥质长石石英细—粉砂岩、粉砂质泥岩 7.70 m

9. 上部灰黑色、黄绿色页岩、粉砂质页岩夹黄绿色薄层钙质砂岩、砂质泥灰岩；中部深灰色、黄绿色页岩、粉砂质页岩夹黄绿色薄层长石砂岩、细砂岩；下部灰色中层含钙质岩屑长石砂岩，含介形虫化石 18.90 m

8. 顶部灰绿色页片状粉砂岩，中上部灰黑色页岩及黄绿色页岩、粉砂质页岩；下部黄绿色薄层钙质长石岩屑细砂岩、砂岩 8.60 m

7. 由灰色长石岩屑中—细粒砂岩、灰黑色页岩、粉砂质页岩、泥质粉砂岩、细砂岩组成一个韵律，产介形虫：*Tungchuania* cf. *agrestata* 8.30 m

6. 由灰色薄层长石砂岩、灰黑色粉砂质页岩组成两个韵律，产介形虫：*Tungchuania agrestata* 6.10 m

5. 顶部灰色—深灰色薄层长石细砂岩夹黑色页片状泥质粉砂岩；上部灰黑色页岩、粉砂质页岩；下部深灰色页岩，产丰富介形虫：*Darwinula* sp.，*Tungchuania* cf. *houae* 10.80 m

4. 灰黑色泥质粉砂岩夹灰绿色薄层钙质长石砂岩、细砂岩 9.00m

3. 由灰绿色中—薄层细粒含钙质长石石英砂岩、深灰色页岩、粉砂质页岩、页片状泥质粉砂岩组成两个韵律 13.00 m

2. 顶部灰黑色泥质粉砂岩、泥质细砂岩；上部黄绿色泥质粉砂岩夹深灰色页岩；下部灰黑色页岩夹黄绿色中层中—细粒含碳酸盐岩碎屑长石砂岩，含介形虫：*Tungchuania* cf. *agrestata*，*T.* cf. *houae* 11.10 m

1. 顶部灰黑色、黄绿色页岩夹薄层（透镜状）含生物碎屑砾屑、泥屑灰岩；中部灰黑色、黄绿色页岩夹薄层粉砂质泥岩；下部深灰色薄层泥质细—粉砂岩、泥质粉砂岩，产双壳类：*Shanxiconcha* cf. *triangulata*（未见底） >16.80 m

【地质特征及区域变化】 本组下部为灰—灰黄绿色砾岩、砂砾岩、砂岩等粗碎屑岩组成；上部则由黄绿色砂岩夹灰黑色粉砂岩、泥岩组成，构成自下而上由粗变细的沉积序列，其中砂岩发育大—中型板状、槽状斜层理；其底部常以厚层中—粗砾岩与下伏二马营组分界，其顶部以黑色泥岩及泥质粉砂岩与上覆上田组的中—厚层黄绿色砂岩分界，故其分界标志极为明显。

直沟剖面厚度为817.50 m，属本组下部；大风沟剖面厚度为482.78 m，代表本组的上部，故直沟—大风沟一带，本组总厚度大于1300.28 m。以这一带向南至汝箕沟剖面本组总厚度为1 193.5 m，其底部厚层砾岩厚度21.2 m；向上为黄绿色厚层含砾中—粗粒砂岩；顶部300余米为中粗粒砂岩与黑色细粒石英砂岩、粉砂岩互层。自汝箕沟向西南至内蒙古阿拉善左旗境内之水磨沟剖面本组厚度达1 511.1 m，主要为厚层砾岩与中—粗粒长石质杂砂岩不等厚互层，仅顶部百余米为灰黑色薄层粉砂岩夹中细粒砂岩，及至南部阿拉善左旗哈拉乌沟一带估计本组总厚度2 000 m以上，其山势巍峨挺拔，构成贺兰山主峰（海拔高度3 558 m）。贺兰山北段石嘴山罗家园子东北之黑白岭一带，本组出露厚度估计大于400 m，除底部见少量厚层砾岩外，以中—厚层中粒砂岩为主，未见顶。

宁夏东部灵武石井子剖面本组厚度158.3 m，岩性为灰绿、黄绿色厚层细粒砂岩、中细粒长石砂岩、灰白色中层含铁质结核粗粒长石石英砂岩、浅灰黄色含砾砂岩等，砂岩中发育斜层理。灵武红柳沟剖面厚度399.4 m，下部为厚层含砾粗砂岩，灰紫、黄绿粉砂岩及砂质泥岩；上部为砖红、肉红色长石石英砂岩夹黄绿色粉砂质页岩等。

综上所述，本组在贺兰山—宁夏东部地区岩性变化总的趋势是：由西南向东北、由西向东厚度渐减，岩石粒度由粗变细。

上田组　T$\hat{s}$　(64-0051)

【创名及原始定义】　本组为西安地质学院区调队于1992年在贺兰山北段进行1∶5万区调时创名。原始定义为："与下伏地层连续沉积，产植物化石。下段厚度115 m，为深灰、灰绿色中薄层长石石英砂岩（细）、石英砂岩与黑色页片状泥质粉砂岩、粉砂质页岩互层；中段厚度452 m，为深灰、灰黑色泥质粉砂岩、粉砂质页岩、黑色页岩与长石石英砂岩、长石砂岩等互层；上段厚度178 m，为长石石英砂岩、石英砂岩夹黑色泥岩、泥灰岩、黑色块状燧岩、凝灰质粉砂岩、凝灰质石英砂岩夹黑色泥岩等。砂岩中发育大型板状斜层理。"

【沿革】　本组以往均划为延长群上部。80年代初1∶20万区调时，将贺兰山中—北段延长群划为五个(岩)组。西安地质学院区调队（1992）1∶5万区调将延长群改建白芨芨沟群，且分别将五个(岩)组另建五个组，其中中田组和上田组，即相当本书所称上田组。

【现在定义】　本组下部为灰绿、深灰、黄绿色中厚层—块状长石砂岩、长石石英砂岩、斑点状岩屑长石砂岩、石英砂岩夹少量黑色薄层泥质粉砂岩、粉砂质泥岩等，砂岩中发育中—大型板状斜层理，上部为灰黑色泥质粉砂岩、泥岩夹灰、浅灰绿色薄层细粒长石石英砂岩、长石砂岩、石英砂岩等；与下伏大风沟组连续沉积，顶部与延安组呈不整合接触。

【层型】　正层型为平罗汝箕沟—大风沟剖面（位于平罗县汝箕沟黄草滩西北约1.5 km。起点坐标：106°13′，38°58′。西安地质学院区调队1992年测制）。

上覆地层：**延安组**　玄武岩风化残积层及灰绿色石英砂岩

～～～～～～～ 不 整 合 ～～～～～～～

上田组　　　　总厚度　1 134.20 m

42. 灰绿色碳酸盐化、脱玻化杏仁状拉斑玄武岩及碳酸盐化、蛇纹岩化玄武岩，底部为含晶屑凝灰质细砂岩　　36.50 m
41. 灰绿色厚层含晶屑凝灰质细砂岩、凝灰质砂岩　　28.70 m

40. 灰绿色厚层不等粒凝灰质石英砂岩及灰黑色泥岩。含孢子化石：*Stereisporites* sp.，*Cyclogranisporites* sp.，*Lycopodiacidites* sp.，*Annulispora* sp.，*Aratrisporites* sp. 19.40 m

39. 灰绿色块状含晶屑凝灰质水云母粘土岩 5.20 m

38. 灰绿色中厚层凝灰质、砂质粘土岩及黑色含铁凝灰质不等粒砂岩，含新芦木碎片 38.90 m

37. 灰绿、灰黑色块状浊积砾岩，底部具有冲刷面，覆盖在不同细层的杂砂岩和硅质泥岩之上 16.50 m

36. 下部灰绿色厚层轻微蚀变的中—细粒长石石英砂岩夹灰色硅质泥岩，上部为灰黑色泥岩（具叠锥构造，厚 8 cm）及泥灰岩结核，顶部夹薄层砂岩及灰绿色杂砂岩 15.80 m

35. 下部灰色中层石英粗砂岩、中—细粒石英砂岩，上部灰黑色泥岩夹黑色泥灰岩（具叠锥构造，厚 8 cm）及泥灰岩结核，顶部夹薄层粉砂岩及灰绿色杂砂岩 21.40 m

34. 灰色厚—中层中粒石英砂岩（具板状斜层理），局部为粗砂岩，顶部为灰黑色碳质页岩（1 m） 32.50 m

33. 由灰色薄—中层石英粗砂岩、泥质粉砂岩、碳质页岩夹煤线组成四个韵律 25.60 m

32. 中上部深灰色薄层泥质粉砂岩夹泥质细砂岩，顶部为黑色碳质页岩夹黑色灰岩透镜体；下部灰白色中—厚层石英砂岩 33.50 m

31. 中上部深灰色页片状泥质粉砂岩、碳质页岩夹少量煤线；下部为黑色薄层泥质粉砂岩；顶部灰黑色厚—中层泥质细砂岩，底部为碳质砂质泥灰岩（20～30 cm） 16.40 m

30. 灰白色厚—中层中—粗粒钙质、硅质石英砂岩及碳质页岩夹煤线 30.80 m

29. 上部灰绿色页片状泥质粉砂岩；下部为灰白色中层钙质中—粗粒石英砂岩夹黑色页片状泥质粉砂岩、碳质页岩 19.50 m

28. 中上部为黑色页片状粉砂岩、页岩夹黑色泥灰岩透镜体；下部为薄层灰岩、长石细砂岩。波痕发育。产植物：*Cycadocarpidium* sp. 31.80 m

27. 由灰色中层硅质长石石英细砂岩、黑灰色泥质粉砂岩、粉砂质页岩及黑色页岩组成七个韵律。产植物：*Cycadocarpidium* sp.，*Sphenopteris* sp. 22.10 m

26. 黑色页岩、深灰色页岩，底部为灰色中厚层钙质长石细砂岩（1.5 m）。产植物：*Neocalamites carcinoides* 17.70 m

25. 上部灰黑色页岩，偶夹页片状泥质粉砂岩，层面波痕发育；下部灰色薄层中—细粒长石石英砂岩 22.90 m

24. 灰黑、灰绿色页岩、粉砂质页岩，偶夹深灰色薄层钙质粉砂岩、泥灰岩 43.50 m

23. 由深灰色薄层长石石英细砂岩、砂岩、灰黑色泥质粉砂岩、粉砂质页岩、页岩组成 12 个韵律，偶夹泥灰岩透镜体 57.70 m

22. 浅灰绿色厚层—块状中—细粒长石石英砂岩，底部具冲刷面 5.40 m

21. 由深灰色中—薄层钙质长石石英砂岩、泥质粉砂岩、粉砂质泥岩、黑色页岩组成韵律，波痕发育 45.60 m

20. 由灰黑色中层钙质长石石英砂岩、泥质粉砂岩、粉砂质页岩、黑色页岩、泥岩等组成的韵律层，其中夹黑色泥灰岩透镜体，层面常见波痕。产植物：*Neocalamites* sp. 42.20 m

19. 顶部灰黑色条带状石英砂岩，具波痕；中下部灰色薄层泥质粉砂岩及黑色页岩；底部浅灰绿色厚层细—中粒钙质长石砂岩。产植物：*Cycadocarpidium* sp. 22.00 m

18. 上部黑色粉砂质页岩、页岩；中部灰黑、灰色页片状泥质粉砂岩夹灰色薄层石英砂岩；下部深灰色薄层钙质长石石英砂岩夹少量灰黑色页片状泥质粉砂岩、页岩 34.20 m

17. 中上部深灰色薄层长石石英细砂岩与灰黑色泥质粉砂岩、粉砂质页岩互层；下部浅绿色厚层中—细粒长石石英砂岩 24.90 m

16. 上部深灰色中—薄层中—细粒钙质长石石英砂岩与黑色粉砂质页岩、页岩互层；下部深灰色中—薄层中—细粒钙质长石石英砂岩与灰黑色泥质粉砂岩互层。产植物：

Neocalamites sp. 56.30 m

15. 浅绿色厚层—块状中—细粒长石砂岩，顶部为中—薄层细粒长石砂岩夹灰黑色泥质粉砂岩透镜体 12.40 m
14. 浅灰绿色厚层—块状长石砂岩，底部厚层—块状长石石英粗砂岩，顶部灰黑色薄层泥质粉砂岩夹浅灰绿色中—薄层长石砂岩及黑色页岩 22.80 m
13. 由灰白—浅灰绿色厚层—块状粗—中粒长石石英砂岩、灰黑色泥质粉砂岩组成三个韵律 31.80 m
12. 由灰绿色透镜状砾岩、砂砾岩（底部）、灰绿色厚层—块状长石石英砂岩（主体）、灰黑—灰绿色粉砂质页岩、泥质粉砂岩（顶部）组成两个向上变细的旋回 48.70 m
11. 浅灰绿色中—厚层钙质长石砂岩夹薄层长石细砂岩及黑色页岩透镜体 33.10 m
10. 上部为灰绿色中—厚层长石砂岩夹少量绿色薄层泥质细粒杂砂岩；下部为浅灰绿色中—细粒长石石英砂岩 31.20 m
9. 灰黑色薄层泥质粉砂岩、泥质细粒杂砂岩夹灰绿色薄层长石砂岩，顶部灰黑色页岩 11.50 m
8. 浅灰绿色厚层—块状中—细粒长石石英砂岩 29.60 m
7. 上部黑—深灰色薄层泥质粉砂岩，下部浅灰绿色厚层—块状长石砂岩夹泥砾岩透镜体 39.60 m
6. 灰绿色厚层—块状长石砂岩、斑点状长石砂岩，顶部灰黑色薄层泥质粉砂岩夹长石砂岩 22.90 m
5. 由浅灰绿色中—厚层斑点状岩屑长石砂岩、灰黑色泥质砂岩组成三个向上变细的韵律 12.20 m
4. 浅灰绿色中—薄层长石砂岩夹灰黑色泥质粉砂岩，含鱼鳞化石（?） 15.10 m
3. 浅灰绿色中—厚层斑点状长石砂岩夹中—薄层长石石英细砂岩 21.20 m
2. 浅灰绿色厚层—块状斑点状岩屑长石砂岩夹长石砂岩，砂岩含泥砾，顶部为灰黑色泥质粉砂岩（1 m）。产植物：*Neocalamites* cf. *carrerei* 27.20 m
1. 浅绿—灰绿色厚层—块状岩屑长石砂岩，顶部有串珠状泥岩透镜体 7.90 m

———————— 整　合 ————————

下伏地层：**大风沟组**　深灰色中层细粒钙质岩屑长石砂岩、灰黑色薄层泥质粉砂岩夹灰黄色砂质灰质条带及透镜体

【地质特征及区域变化】　本组下部以发育灰黄绿色中厚—块状砂岩为特征；上部为黑色粉砂岩、泥岩（页岩）夹薄层细粒长石石英砂岩，并在汝箕沟鼓鼓台等地顶部见凝灰岩和玄武岩层。自下而上构成白芨芨沟群上部一个由粗变细的沉积旋回。

本组主要分布于贺兰山区，其岩石组合特征变化不大。上列正层型厚度 1 134.20 m，石嘴山市白芨芨沟剖面厚度 701.1 m，内蒙古阿拉善左旗古拉本一带出露厚度大于 121 m。

综合上述，白芨芨沟群之大风沟组和上田组在贺兰山岩性变化的趋势，大体如图 5-2。

第二节　年代地层单位及生物组合特征

宁夏石炭纪地层盛产动、植物化石，二叠系和三叠系则以植物化石为主，它们均程度不同地可用以论证、划分地质年代。二叠纪至中三叠世的部分岩石地层单位①，因化石稀少，且

① 包括大黄沟组（P_1）、红泉组（P_2）、五佛寺组（T_{1-2}）、孙家沟组（P_2）、刘家沟组（T_1）、和尚沟组（T_1）、二马营组（T_2）。

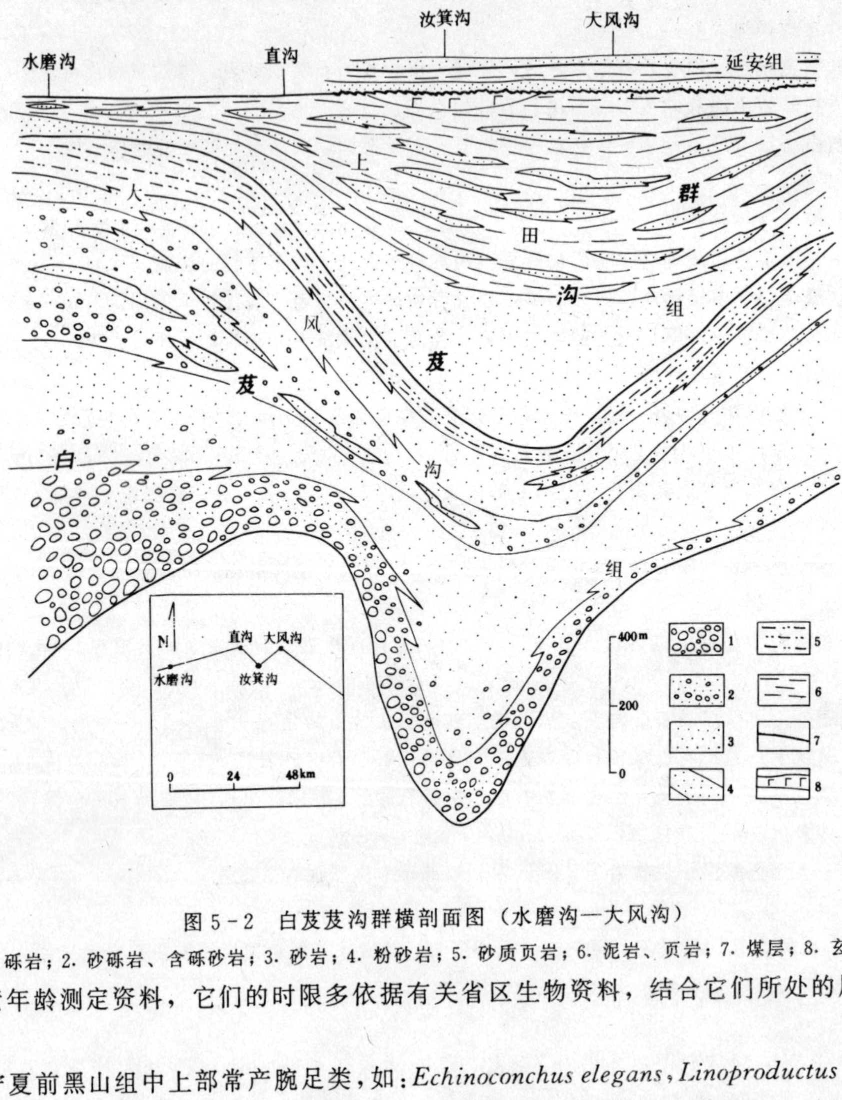

图 5-2　白芨芨沟群横剖面图（水磨沟—大风沟）

1. 砾岩；2. 砂砾岩、含砾砂岩；3. 砂岩；4. 粉砂岩；5. 砂质页岩；6. 泥岩、页岩；7. 煤层；8. 玄武岩

无同位素年龄测定资料，它们的时限多依据有关省区生物资料，结合它们所处的层位加以对比推定。

在宁夏前黑山组中上部常产腕足类，如：*Echinoconchus elegans*，*Linoproductus* sp. 和 Sub-lepidodendron 类植物，它们的地质历程较长，均难以确定其时代。唯高联达（1980）在研究邻近的甘肃靖远磁窑前黑山组时建立了 *Auroraspora*－*Lophozonotriletes* 孢子组合，与国外有关资料详细对比，可大体归属杜内期（或岩关期）晚期。之后吴秀元等（1987）又报道靖远磁窑剖面前黑山组下部产菊石：*Kazakhstania* sp.，并认为该组时代应归属杜内期。

在同心磨盘井峡口臭牛沟组上部产珊瑚：*Yuanophyllum* sp.，校育川本组顶部（距前述干柳树—孙家滩剖面不远）产腕足类：*Gigantoproductus* sp.；刘志才、张遴信（1992）在校育川本组上部还采得䗴类：*Mediocris* cf. *minima*；安太庠、郑昭昌（1990，p. 155）在校育川剖面本组上曾获丰富的牙形石，重要者有：*Paragnathodus commutatus*，*P. symmutatus*，*Gnathodus bilineatus bilineatus*，*G. b. bollandensis*。以上这些化石均为大塘期（维宪期）晚期或大塘期晚期至纳缪尔期初期的重要分子。植物化石在中卫单梁山剖面本组中部产 *Cardiopteridium spetsbergense*；中卫余丁剖面，顶部产 *Rhodea hsianghsiangensis*，*Triphyllopteris collombiana* 等，这些都是大塘期晚期植物群中的重要分子。

综上所述，若将前黑山组暂置于岩关阶，臭牛沟组上部相当于大塘阶上部，则二者年代地层具体界线一时尚难以划定。

土坡组下部在干柳树—孙家滩剖面底部（第25层）厚度为46.8 m砂砾岩，未见化石，但至距干柳树不远的校育川剖面（霍福臣、曹景轩、顾其昌、吴秀元等，1987）则相变为页岩夹灰岩透镜体，灰岩中产菊石：*Eumorphoceras plummeri*，*Cravenoceras* cf. *leionoides* 等，为菊石带E带的带化石和主要分子，表明这一带本组底部即为纳缪尔阶底界。该剖面第27层菊石组合中已出现 *Bilinguites*，层位属菊石带 $R-G_1$ 带，这样按国内一般划分标准，E带的顶部作为早、晚石炭世的分界，则该剖面下、上石炭统分界应在第26层至第27层间。剖面第29层中产菊石 *Gastrioceras* sp.，*G. lister*，*G. wongi*，*Verneuilites* sp. 等，为 G_1 带的重要分子，因此本层可作为纳缪尔阶顶界。从干柳树—孙家滩剖面向北至卫宁北山，在中宁大石头井曾发现有菊石 *Cravenoceras arcticum*，证明该地区有纳缪尔期初期（即E带）地层存在。自卫宁北山向北至贺兰山中段苏峪口响水一带，则本组下部缺失纳缪尔期沉积。但贺兰山北段，呼鲁斯台剖面底部（第3层），产菊石：*Bilinguites gracilis*，*B. paradegeneratus* 等，这是 G_1 带的标准种，故这里土坡组底部属纳缪尔期晚期沉积。如此看来，土坡组底界在宁夏自南向北具明显的穿时性，即南部同心、中宁、中卫一带为早石炭世晚期（即纳缪尔初期）；至贺兰山北部呼鲁斯台一带为晚石炭世早期（即纳缪尔期晚期）；其间苏峪口响水地区在纳缪尔期可能为高出水面的孤岛（或半岛）。

土坡组中、上部至太原组盛产植物化石，自下而上可划分两个植物群：*Paripteris gigantea – Linopteris brongniartii* 植物群和 *Paripteris ovata – Lepidodendron posthumii* 植物群。前者亦称欧美式植物群，在宁夏常见分子有：*Paripteris gigantea*①，*P. otozamioides*，*P. kaipingiana*，*Linopteris brongniartii*，*L. densissima*，*L. neuropteroides*，*L. simplex*，*Sphenopteris obtusloba*，*Sphenophyllum tenerrimum*，*S. emarginatum*，*Palaeoweichselia yuanii*，*Lepidodendron ninghsiaense*，*L. worthenii*，*Bothrodendron* sp.，*Calamites suckowii*，*Cordaites principalis* 等。以上 *Paripteris gigantea*，*P. otozamioides*，*P. kaipingiana* 等其分布可下延至大塘阶顶部，但以维斯发期最为繁盛；*Linopteris* 的有关种自纳缪尔期出现，直至维斯发期；其余如 *Sphenopteris obtusloba*，*Palaeoweichselia yuanii*，*Lepidodendron ninghsiaense*，*L. worthenii* 等均是维斯发期重要分子，所以这一植物群时代为维斯发期。

Paripteris ovata – Lepidodendron posthumii 植物群又称早期华夏植物群，在宁夏地区发现的主要有：*Pecopteris orientalis*，*P. plumosa*，*P. feminaeformis*，*Paripteris ovata*，*Lepidodendron posthumii*，*L. nanpiaoense*，*L. incertum*，*L. szeianum*，*L. oculus-felis*，*Sphenophyllum minor*，*S. thonii*，*S. costae*，*S. oblongifolium*，*Tingia carbonica*，*Annularia stellata*，*A. pseudostellata*，*A. orientalis* 等，这一植物群时代以往均属晚石炭世晚期（斯蒂芬期），但在宁夏这一植物群的垂直分布，与䗴带比较，它上部跨 *Sphaeroschwagerina* 带（=*Pseudoschwagerina* 带）；按当前国际通行的划分标准，这一䗴带时代为早二叠世早期，故这一植物群时代宜置于晚石炭世晚期至早二叠世初期。若以上述植物群和䗴类为标准（即欧美式植物群属维斯发期；早期华夏植物群属晚石炭世晚期—早二叠世早期；*Sphaeroschwagerina* 带属早二叠世

① 关于脉羊齿的分类，吴秀元、赵修祜（1987）在研究宁夏中卫校育川剖面的纳缪尔期植物时，依据所取得实际资料首次按 J.P. Laveine 教授的分类意见（Laveine，1967，p. 34），将原 *Neuropteris gigantea* 等，改归 *Paripteris* 属下（吴秀元、赵修祜，1987，p. 37—42，图版4—5；宁夏地矿局，1990，p. 119—120，p. 127，图版Ⅰ.5），本书从此意见。至于 J P Laveine，Y Lemoingne 等（1992）在详细深入研究了中宁石炭纪植物群后，提出的用三名法系统处理已存在的 *Paripteris*，*Linopteris* 有关种，是一个值得今后进一步研究的问题。

早期)，研究区内土坡组中—上部所产植物化石基本可归入 *Paripteris gigantea - Linopteris brongniartii* 植物群，其时限为晚石炭世中期（维斯发期）；太原组在上河沿剖面（见前节）第16层向上产丰富的䗴类：*Sphaeroschwagerina*，*Pseudoschwagerina*，*Schwagerina* 等，属 *Sphaeroschwagerina* 带，这样该剖面下部即为早二叠世。贺兰山北段之呼鲁斯台剖面太原组下部(第14—16层)产植物：*Linopteris simplex*，*Palaeoweichselia yuanii*，*Paripteris otozamioides* 等，它们为前述欧美式植物群重要分子，剖面上部产䗴类 *Schwagerina* sp. 等属早二叠世早期；故该剖面太原组沉积始于维斯发期，一直延续到早二叠世早期。这样在宁夏太原组底界亦具明显穿时性，即北部（贺兰山北段）始于维斯发期；南部（上河沿）太原组下部即为早二叠世早期。

山西组在贺兰山北段产：*Sphenophyllum kawasakii*，*S. thonii*，*S. minor*，*Annularia stellata*，*Pecopteris feminaeformis*，*Emplectopteris triangularis*，*Taeniopteris multinervis* 等。它们多为早二叠世标准分子和常见分子，故其时代为早二叠世。

石盒子组在呼鲁斯台、石炭井一带下部主要产：*Sphenophyllum thonii*，*Annularia stellata*，*A. orientalis*，*Pecopteris* cf. *anderssonii*，*Emplectopteris triangularis*，*Taeniopteris multinervis*，*T. taiyuanensis* 等，均为早二叠世或早二叠世晚期标准分子；上部产植物 *Yuania striata*，*Pecopteris rigida*，*Fascipteris* sp.，*Protoblechnum wongii*，*Lobatannularia heianensis* 等，为我国晚二叠世早期标准分子或常见分子。故本组在贺兰山北段时限大致在早二叠世晚期—晚二叠世早期。

白芨芨沟群大风沟组在水磨沟剖面（64 - 0050 - 4 - 4）大风沟组顶部曾采获植物：*Todites shensiensis*，*Cladophlebis raciborskii*，*C. tenophylla*，*Neocalamites carrerei*，*Bernoullia zeilleri* 等；大风沟剖面第1—17层产介形虫，计有 *Tungchuania agrestata*，*T. aurita*，*T.* cf. *houae*，*Darwinula* sp. 等；第1层产双壳类：*Shanxiconcha* cf. *triangulata*。以上植物属晚三叠世延长植物群，介形虫和双壳类大部分为晚三叠世标准分子，因此，大风沟组上部应归属晚三叠世。大风沟组中下部在直沟剖面第9层产植物：*Neocalamites* sp.，*Cladophlebis* sp.，该层还获得孢子组合：*Granulatisporites* sp.，*Osmundacidites wellmanii*，*O. alpinus*，*Annulispora* sp.，*A. folliculosa*，*A. microannulata*，*Nevesisporites* sp.，*Duplexsporites gyratus* 等，可称为 *Annulispora* 组合，与以 *Punctalisporites* 高含量为特征的“铜川组”孢子组合（中三叠世）不同，而与延长组孢子组合有相似之处，故大风沟组下部亦为晚三叠世。白芨芨沟群上田 组在白芨芨沟等地所产植物组合与

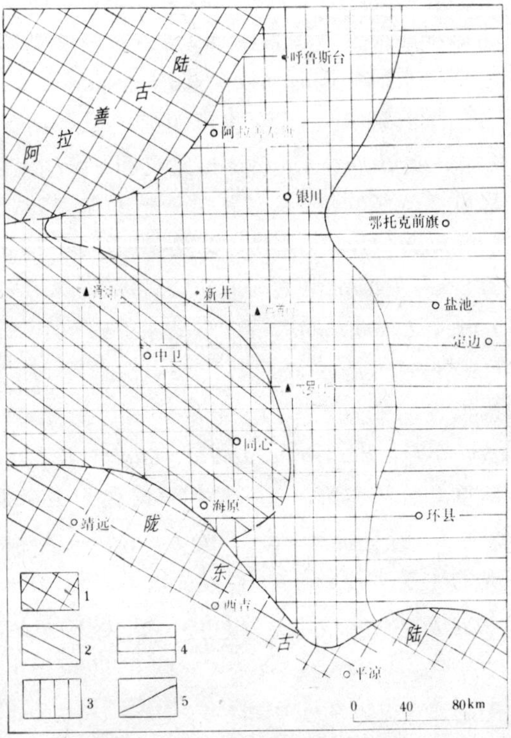

图 5-3 宁夏及周边地区石炭纪岩石地层单位分布图

1. 石炭纪地层沉积缺失区；2. 前黑山组、臭牛沟组分布区；3. 土坡组分布区；4. 太原组分布区；5. 分区界线

(图中虚线为推测)

大风沟类似，属晚三叠世延长植物群，其顶部玄武岩层，同位素年龄值为（229±0.15）Ma（K－Ar法全岩），系晚三叠世产物。综上所述，白芨芨沟群时限为晚三叠世。

第三节　石炭纪一早二叠世早期古地理概况

宁夏及周边地区石炭纪岩石地层单位的分布情况表明（图5－3），在早石炭世初期海水沿阿拉善古陆和陇东古陆间，自西向东经内蒙古阿拉善左旗通湖山、甘肃靖远磁窑地区侵入本区之中卫香山、卫宁北山等地（向东没有越过牛首山、大罗山地区）。这一海侵状况一直持续到大塘期晚期，连续沉积了以潮坪相、咸化泻湖相为主的前黑山组、臭牛沟组，之后在卫宁北山地区曾有短期上升剥蚀，形成了臭牛沟组与上覆地层间的平行不整合。在纳缪尔期初期，海侵范围仍没明显扩大，直至纳缪尔期中期海水明显地北上，直达贺兰山北段和内蒙古桌子山区；向东推进至宁夏东部（约东经107°线附近），沉积了以潮坪相、淡化泻湖相为主体的土坡组。自石炭纪维斯发期末开始，华北海水自东北部入侵贺兰山北部呼鲁斯台一带，并逐渐漫过东经107°线以西的广大地区，与西部祁连海水连成一片，沉积了由潮坪相、泻湖相和三角洲相组成的太原组；在此沉积阶段内，出现了大片三角洲平原沼泽和泻湖沼泽，从而成为本区地质历史上重要的聚煤期。

上述石炭纪一早二叠世初期海侵的过程，造成了在时间上各岩石地层单位的穿时性；在空间上造成了沉积盆地由中心向四周各岩石地层单位的超覆现象。前者我们在上节已作了具体讨论，不再述。对于后者，从更大范围来看，在北祁连地区（图5－4），自甘肃永昌至任四

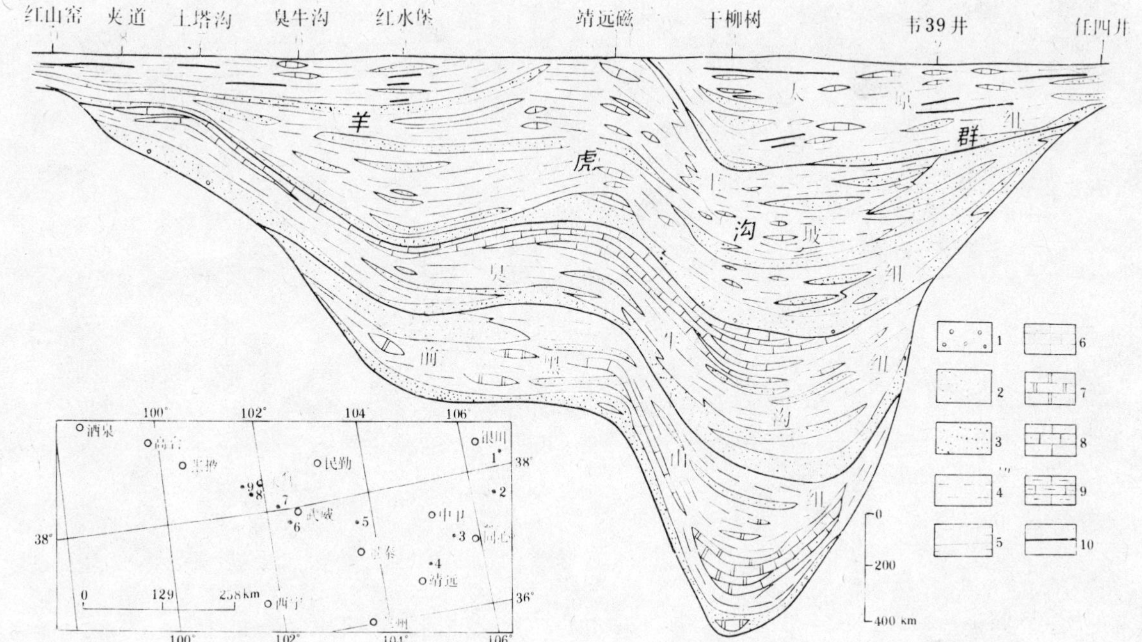

图5－4　甘肃永昌一宁夏同心石炭系横剖面图

1.砂砾岩；2.砂岩；3.粉砂岩；4.砂质页岩；5.页岩；6.灰岩；7.白云岩；8.砂质灰岩；9.泥灰岩；10.煤层

井一线，它们大体上以靖远磁窑—中卫校育川（干柳树）一带为中心，自下而上发育前黑山组、臭牛沟组和羊虎沟群，向东北至韦 39 井（位于同心韦州附近）即缺失前黑山组、臭牛沟组，土坡组直接超覆于早古生代地层之上；及至任四井（位于银川市东 30 余公里之任家庄地区）土坡组亦不见踪迹，太原组以平行不整合覆于马家沟组之上。自靖远磁窑向西，沿河西至武威城南之臭牛沟即缺失前黑山组，臭牛沟组不整合覆于老君山组或更老地层之上；西部永昌红山窑剖面又缺失臭牛沟组，羊虎沟群以平行不整合直接超覆于寒武纪地层之上。值得注意的是，在上述校育川以东和以北地区羊虎沟群与上覆以三角洲相为主的山西组为连续沉积，说明至二叠纪海水逐步退出本区；而校育川及其以西地区羊虎沟群与上覆纯陆相的大黄沟组间为平行不整合接触，羊虎沟群上部不同程度地缺失一部分地层，说明这里在晚石炭世晚期至早二叠世早期即隆起，海水退出本区，经短时剥蚀，方有大黄沟组的沉积。

第六章 侏罗纪—白垩纪

宁夏侏罗纪地层主要分布于贺兰山北段和灵武县磁窑堡—石沟驿、固原县炭山、香山南麓等地，贺兰山南段内蒙古阿拉善左旗新井以北地区亦有广泛分布，自下而上可分为延安组（J*y*）、直罗组（J*ẑ*）、安定组（J*a*）。

白垩纪可划分为三个沉积区，宁夏南部六盘山—月亮山地区为六盘山群（K*L*），自下而上可分为：三桥组（K*s*）、和尚铺组（K*h*）、李洼峡组（K*l*）、马东山组（K*m*）、乃家河组（K*n*）；宁夏东部灵武—盐池地区为保安群（K*B*），自下而上划为宜君组（K*y*）、洛河组（K*lh*）、环河组（K*hh*）、罗汉洞组（K*lhd*）、泾川组（K*j*）；贺兰山东麓头关—青铜峡市庙山湖、英发沟一带，称庙山湖组（K*ms*）（见图 6-1）。

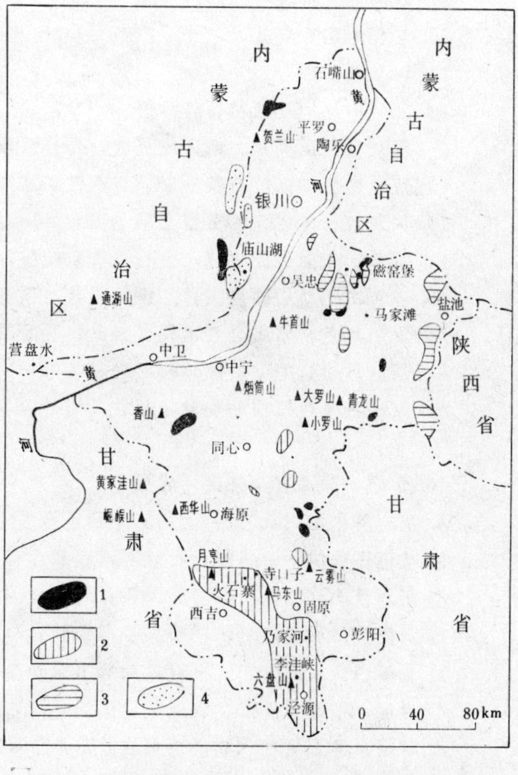

图 6-1　宁夏侏罗纪—白垩纪地层露头分布图

1. 侏罗纪地层露头；2. 六盘山群露头；3. 保安群露头；4. 庙山湖组露头

第一节　岩石地层单位

延安组　J*y*　（64-0033）

【创名及原始定义】　系 M L Fuller 和 F G Clapp 于 1926 年创名，初称延安相（Yenanfu phase），与下伏延长相（Yenchang phase）、上覆 Tientou phase 均为连续沉积，其岩性“顶底为块状砂岩的煤系，厚 1000 英尺。”

【沿革】　50 年代以来，本区调查者多以延安组名之（宁夏区域地层编写组，1980；宁夏区调队，1976—1985；宁夏地矿局，1990 等）。在贺兰山区黄绍显、杜恒俭于 40 年代中期曾创名汝箕沟煤系（组）（据中国科学院地质研究所，1956），以后，顾知微（1962）、西安地质学院区调队（1992）均曾采用。据岩性、层位的对比研究，汝箕沟组应作为本组在贺兰山区的同物异名。

【现在定义】 本组下部为灰白色长石石英砂岩、长石砂岩、石英砂岩夹灰黑色页岩、粉砂岩及薄煤层；上部则以浅灰、灰黑色页岩、泥岩和粉砂岩为主，夹灰白、浅灰、灰黄色粗—细粒砂岩，常含一定规模的可采煤层。该组与上覆地层直罗组呈整合接触，与下伏白芨芨沟群或更老的地层呈平行不整合或不整合接触。

【层型】 选层型为陕西延安市西杏子河剖面。次层型为宁夏平罗大风沟剖面（位于宁夏平罗县汝箕沟大风沟煤矿。起点坐标：106°09′，39°05′。宁夏地矿局地质研究所1984年测制）。

上覆地层：**直罗组** 厚层中—粗粒长石砂岩

——————— 整 合 ———————

延安组 总厚度 331.00 m

21. 灰黑色泥页岩与细砂岩互层 16.00 m
20. 灰色中层石英砂岩 6.00 m
19. 深灰色粉砂岩 14.00 m
18. 灰色中层中—细粒石英砂岩 8.00 m
17. 深灰黑色泥页岩、粉砂质页岩，含有铁质结核 12.00 m
16. 灰色中层中细粒石英砂岩，含菱铁矿结核，下部有缓倾角斜层理 9.00 m
15. 深灰色粉砂岩、泥页岩互层 28.00 m
14. 深灰—灰黑色泥页岩，含有菱铁矿结核 10.00 m
13. 灰色中—厚层砂岩夹薄层泥页岩及劣质煤层，含菱铁矿结核，底部具波状冲刷面 15.00 m
12. 深灰黑色粉砂质页岩、泥页岩夹数层薄层细砂岩，下部含碳质页岩及35 cm的薄煤层。砂岩具中型缓倾角斜层理 39.00 m
11. 灰—浅灰色厚层—块状中粗粒长石砂岩，底部含石英细砾石，具板状及收敛状斜层理 16.00 m
10. 煤层，顶部有少许泥质岩层 11.00 m
9. 灰—黑色泥质页岩层，上部夹不稳定细砂岩，中上部含薄煤层，下部含有菱铁矿结核 27.00m
8. 灰色厚层块状中粗粒长石砂岩，底部含有薄层细砾岩 14.00 m
7. 灰黑色薄层粉砂质页岩、泥质页岩夹粉砂岩，含薄煤层 10.00 m
6. 灰黑色薄层粉砂岩、泥质页岩夹细砂岩 23.00 m
5. 灰褐色薄层细砂岩、页岩，局部为粉砂岩 16.00 m
4. 煤层，中部有少许含碳质页岩夹层 2.00 m
3. 灰褐色薄层页片状粉砂质页岩，夹少许薄层细砂岩及黑色泥质页岩，含薄煤层。产植物：*Coniopteris* cf. *burejensis*，*Cladophlebis* sp.，*Czekanowskia rigida* 47.00 m
2. 煤层，顶部有少许碳质页岩 4.00 m
1. 深灰色中层粉砂岩、灰白色中层细粒石英砂岩，顶部见有铁质结核，底界明显 4.00 m

—————— 平行不整合 ——————

下伏地层：**上田组** 深灰—黑色泥页岩，中部夹黑色薄层细砂岩

【地质特征及区域变化】 上述剖面其岩石组合可作为区内之代表，以深灰—灰黑色页岩、砂质页岩和灰、灰白色粗—细粒石英砂岩、长石石英砂岩为主，含可采煤层1～4层。下部与

上田组呈平行不整合接触；上部岩性当递变为黄绿色粉砂岩、泥（页）岩、砂岩即为直罗组，具体界面可以始现大量黄绿色泥岩、粉砂岩之下的一层砾岩、砂砾岩或粗—细粒长石石英砂岩之底面，作为二组间分界。

在贺兰山北段自卫东煤矿经大风沟至汝箕沟煤矿厚度 331～400 m，岩性为砂岩、含砾砂岩，夹黑灰—黑色页岩、粉砂岩，夹可采无烟煤 1～5 层，底部偶见砾岩（图 6-2）。自汝箕沟向西南至内蒙古阿拉善左旗二道岭一带，底部砾岩可增厚至 20 m 以上。

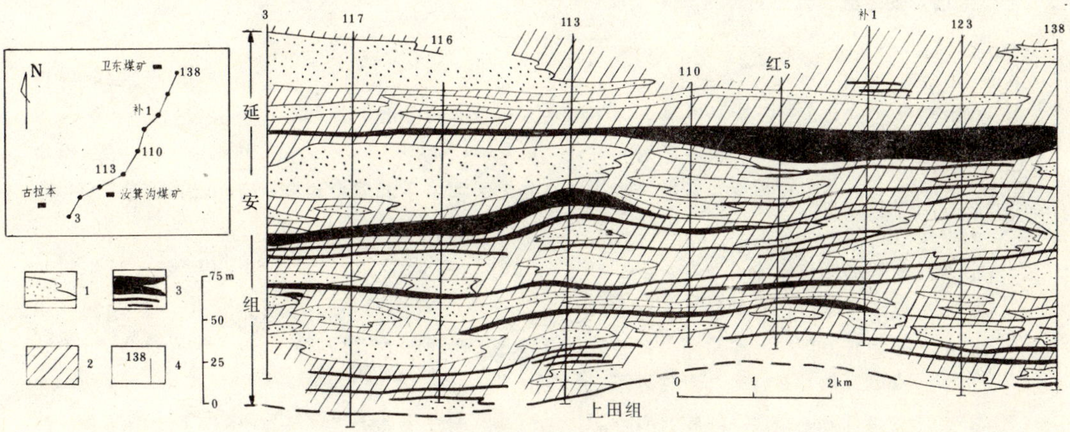

图 6-2　贺兰山汝箕沟地区延安组岩性断面图

（据张韬，1993 修编）

1. 砂岩；2. 泥岩、粉砂岩；3. 煤层（线）；4. 钻孔及编号

贺兰山南段，内蒙古阿拉善左旗土圈—新井 501 钻孔，本组不整合于香山群之上，厚度 929 m，其下部为中—细砾岩夹少量深灰色粉砂岩等，中部为深灰—灰色泥岩夹砂岩、烟煤层等，上部为泥岩与钙质粉砂岩互层，直罗组底部为褐灰绿色厚层砾岩。

灵武—盐池地带，为半隐伏地区，地表露头少。盐池高沙窝地区高一井厚 283.5 m，其下部为灰白色厚层砂砾岩夹灰黑—黑色泥岩、烟煤层，上部则为灰黑—黑色泥岩夹灰白色砂岩、砂砾岩及烟煤层。

同心下流水一带之麻黄沟剖面厚度在 966.8 m 以上，以中细粒长石石英砂岩为主，夹灰色泥岩、粉砂岩及薄煤层。

固原炭山石岘子一带，出露厚度 381.3 m 以上，下部以灰白色中—厚层块状石英砂岩为主，底部为砂砾岩及砾岩，上部深灰—灰黑色页岩、石英粗砂岩为主，夹碳质页岩和不稳定煤层。

直罗组　$J\hat{z}$　（64-0034）

【创名及原始定义】　本组系 1951 年李德生于陕北富县直罗镇创名，1956 年经中国科学院地质研究所介绍。原始定义：“指‘延安系’上部的一套斜层理发育的以黄绿色为主的砂岩。”

【沿革】　中国科学院地质研究所（1956）曾将贺兰山地区与直罗组相当的地层称木葫芦沟组（系 1945 年杜恒俭、黄绍显于贺兰山北段创名）。西安地质学院区调队（1992）在贺兰山进行 1∶5 万区调时，将其称木葫芦沟组。在 1∶20 万区调及有关专题研究中均称直罗组。本次对比研究认为，直罗组一名应用广泛，且发表时间较早，贺兰山区相当地层的岩石组合特征与陕北基本一致，故宜统一采用此名，木葫芦沟组可作为存在于贺兰山区的同物异名。

【现在定义】 本组为一套灰白—灰绿色长石石英砂岩、长石砂岩与灰绿色、黄绿色泥岩、页岩、粉砂岩呈不等厚互层，与上覆地层安定组和下伏地层延安组均呈整合接触。以灰绿—黄绿色为主且不含可采煤层，与延安组相区别。

【层型】 正层型为陕西富县葫芦河剖面。次层型为贺兰山北段内蒙古阿拉善左旗木葫芦沟剖面（起点坐标：106°05′，39°05′。西安地质学院区调队1992年测制）。

上覆地层：安定组　紫红色薄层粉砂质泥岩

——————整　合——————

直罗组	总厚度　376.40 m
52. 灰绿色粉砂质泥岩、泥质粉砂岩，下部夹灰白色长石砂岩	31.90 m
51. 浅灰绿色薄—中层微粒长石砂岩	7.70 m
50. 底部灰白色中—厚层富长石砂岩透镜体，其上为灰绿色泥质粉砂岩夹细砂岩、砂岩薄层	10.30 m
49. 灰绿色薄层泥质粉砂岩夹富长石砂岩	24.40 m
48. 灰白色中—厚层长石砂岩	4.30 m
47. 中上部为灰绿色中—厚层细—粉砂岩夹灰白色厚—中层长石砂岩；下部为浅灰绿色中—厚层岩屑长石砂岩、粗砂岩	53.00 m
46. 底部灰绿色薄—中层不等粒长石砂岩，下部深灰绿色中—薄层泥质粉砂岩、浅灰绿色粘土岩，上部灰绿色薄层泥质长石细砂岩与粉砂质泥岩互层	27.10 m
45. 上部深灰绿色薄层泥岩、粉砂质泥岩夹薄层长石石英细砂岩及煤线；中部深灰绿—黄绿色薄层粉砂质泥岩、泥质粉砂岩夹薄层泥质细砂岩；下部黄绿色中—厚层不等粒长石砂岩。产植物：*Coniopteris hymenophylloides*，*Cladophlebis* sp.，*Podozamites lanceolatus*	38.00 m
44. 黄绿—灰绿色中层长石石英细砂岩夹粉砂质泥岩、泥质粉砂岩	24.00 m
43. 灰绿、黄绿色泥岩、粉砂质泥岩夹少量薄层细砂岩、长石砂岩。产植物：*Coniopteris hymenophylloides*，*Czekanowskia* ex gr. *rigida*，*Podozamites* sp.	30.50 m
42. 下部黄绿色厚层中粒岩屑石英砂岩透镜体，中上部灰绿色泥岩、页岩夹薄—中层岩屑石英砂岩。产植物：*Czekanowskiae* ex gr. *rigida*，*Neocalamites* sp.	17.80 m
41. 底部灰绿—黄绿色中层长石石英细砂岩，其上为灰绿色粉砂质泥岩、泥岩，顶部为灰绿色页岩	4.90 m
40. 灰—灰黑色粉砂质泥岩夹少量黄绿色薄层长石石英砂岩。产植物：*Coniopteris simplex*，*Podozamites* sp.，*Czekanowskia* ex gr. *rigida*	24.90 m
39. 底部灰白色厚层细砾岩、含砾长石石英粗砂岩，其上为灰白色厚层石英粗砂岩、含砾石英粗砂岩	9.10 m
38. 黄绿色薄—中层泥质细砂岩与含粉砂质泥岩、粉砂质页岩互层，夹微粒钙质石英杂砂岩透镜体	32.80 m
37. 灰绿色中—厚层粗粒不等粒石英杂砂岩、中粒不等粒杂砂岩	12.10 m
36. 底部细砾岩，下部浅灰色中—厚层中粒钙质长石石英杂砂岩，中上部黑色—灰色页岩、黄绿色泥质粉砂岩。产植物：*Czekanowskia* ex gr. *rigida*，*Coniopteris* sp.，*Neocalamites* sp.	23.60 m

——————整　合——————

下伏地层：延安组　碳质页岩夹泥质粉砂岩

【地质特征及区域变化】 本组由黄绿色调碎屑岩、泥岩组成，且基本不含煤层。自西向东，由二道岭（厚度 317 m）至木葫芦沟（厚度 373.4 m），厚度有逐渐增大的趋势。贺兰山南段内蒙古阿拉善左旗双圈一带，本组出露厚度 832.5 m，下部以灰—深灰、灰黄、黄绿色厚层中—粗粒长石石英砂岩、中粒长石砂岩为主，夹有泥质长石砂岩、钙质长石砂岩等，局部地段及底部夹有少量砾岩、砂砾岩透镜体；上部以灰—灰白、灰绿、灰黄色泥质长石石英砂岩、钙质长石石英砂岩及泥质长石砂岩为主，夹少量灰—灰黑色页岩、绿灰色页岩、粉砂岩及砂砾岩等，顶部为紫红色、杂色粉砂岩和钙质石英砂岩；与上覆安定组呈平行不整合接触。

灵武—盐池地区地表露头少，盐池高沙窝高一井厚度 356 m，以浅灰—绿灰色细粒砂岩、砂质泥岩和泥岩为主，底部为粗砂岩夹砂砾岩；顶部为浅蓝灰—蓝灰色泥岩与细砂岩互层。

固原炭山地区，石岘子剖面厚度 558.8 m，以灰白色块状砾岩夹粗砂岩和不等粒石英砂岩为主，夹有石英砂砾岩；顶部为蓝灰色、紫红色泥岩及石英粗砂岩等。

安定组 J*a* （64－0035）

【创名及原始定义】 本组系 1926 年 M L Fuller 和 F G Clapp 于陕西子长县创名。原始定义为：“由薄层灰色到粉红色灰岩组成，厚 200 英尺左右。底部为鲜红色页岩和黑色页岩的互层。”

【沿革】 中国科学院地质研究所（1956）曾将宁夏贺兰山区的相当地层称缺台沟系（系 1945 年杜恒俭、黄绍显创名），西安地质学院区调队（1992）在贺兰山进行 1∶5 万区调时亦曾用此名。但在以往 1∶20 万区调时均将其称安定组，唯巴伦别立幅 1∶20 万区调将其称芬芳河组（宁夏区调队，1978）。本次对比研究认为，宁夏各地所见岩性基本一致，宜统称安定组，缺台沟组可作为在贺兰山地区的同物异名。至于芬芳河组一名，据贺兰山南段新井—双圈一带所见紫红色巨砾岩、砾岩等与安定组细碎屑岩、粉砂岩、泥岩属沿走向相变关系，且分布局限，故芬芳河组一名不予采用。至于邻省所见芬芳河组则为不整合于安定组之上的另一岩石地层单位。

【现在定义】 本组主体岩性以紫红、灰紫色泥岩、粉砂质泥岩、粉砂岩为主，夹灰白色长石石英砂岩。上部常见有紫红色粉砂质微晶灰岩和粉砂质泥灰岩等。与下伏直罗组一般为连续沉积，与上覆庙山湖组（或三桥组）呈不整合接触。在贺兰山南段新井—土圈一带以紫红色砾岩、砂岩为主，夹粉砂岩、泥岩，整合覆于直罗组之上。

【层型】 选层型为陕西子长县清涧河剖面。次层型为贺兰山北段之内蒙古阿拉善左旗红石崖剖面（起点坐标：106°02′，39°04′。西安地质学院区调队 1992 年测制）。

安定组 总厚度 ＞1 912.10 m

47. 灰绿色薄层细粒钙质长石石英砂岩夹灰紫色粉砂质泥岩（未见顶） ＞6.60 m
46. 灰紫色细砂岩、粉砂岩与粉砂质泥岩、紫红色泥岩组成多个韵律 43.40 m

═══ 断 层 ═══

45. 灰紫、灰绿色粉砂岩、粉砂质泥岩，偶夹中细粒长石杂砂岩 24.00 m
44. 灰紫色钙质粉砂岩与紫红色粉砂质泥岩互层，含虫管化石 86.30 m
43. 底部灰色含云母粉砂岩（35 cm），其上为粉砂质泥岩、泥岩 40.50 m
42. 灰绿色钙质粉砂岩与紫红色泥岩互层 49.90 m
41. 紫红、灰紫色泥岩、粉砂质泥岩夹灰紫色薄层粉砂岩，下部含腹足类：*Amplovalvata* sp. 50.10 m
40. 底部粉砂岩（50 cm），下部紫红色泥岩与灰紫色粉砂岩互层，上部灰紫色含云母钙

质粉砂岩（具沙纹层理及微波痕）与紫红色泥岩互层夹紫色细砂岩 18.80 m

39. 上部白云母粉砂岩与紫红色泥岩互层；下部灰紫色钙质细砂岩与紫红色泥岩互层 80.50 m
38. 底部灰色薄层中粒长石砂岩，其上为紫红色泥岩夹灰绿色、紫红色粉砂岩 101.50 m
37. 紫红色泥岩夹灰绿色细砂岩 73.00 m
36. 紫红色泥岩夹紫、灰绿色粉砂岩 57.10 m
35. 紫红、灰绿色泥岩夹灰红色钙质长石石英细砂岩（含胶磷矿斑块） 63.30 m
34. 紫红色泥岩夹灰绿色细砂岩及粉砂岩 42.90 m
33. 灰绿色粉砂质泥岩夹灰绿色粉砂岩，含双壳类：*Kija kweichouensis* 31.40 m
32. 灰紫、灰绿色粉砂岩与灰紫、紫红色泥岩互层，夹灰绿色泥灰岩（6～8 cm），泥岩中含钙质结核 90.00 m
31. 灰绿、紫红色泥岩夹灰绿色粉砂岩、粉砂质泥岩 57.40 m
30. 底部为灰绿色薄—中厚层钙质细砂岩及中粒长石砂岩透镜体，其上为灰绿色、灰紫色钙质细砂岩、粉砂岩，含双壳类：*Kija kweichouensis* 45.80 m
29. 灰绿、紫红色钙质粉砂岩、粉砂质泥岩 77.40 m
28. 灰绿、紫红色泥岩夹灰绿色粉砂岩及薄层钙质细砂岩（具波状层理） 90.10 m
27. 紫红、灰绿色页岩夹灰绿色粉砂质、钙质泥岩（见孔雀石铜矿化），底部灰紫色中层中粒长石石英砂岩（局部含细砾粗砂岩） 44.40 m
26. 灰绿、灰紫色泥质、钙质粉砂岩、粉砂质泥岩夹灰绿色泥灰岩、细砂岩薄层 41.70 m
25. 紫红、灰绿色钙质泥岩夹泥灰岩 34.80 m
24. 紫红、灰绿色钙质泥岩夹细砂岩、粉砂岩，底部紫红色钙质杂砂岩夹灰色中粒钙质石英砂岩，含植物茎化石及植物：*Phoenicopsis* sp. 39.40 m
23. 上部泥岩夹薄层细砂岩；下部紫灰色含钙质粉砂岩、细砂岩与紫红色钙质泥岩互层 34.00 m
22. 紫红、绿灰色钙质泥岩夹粉砂岩及钙质细砂岩，具波状层理及微波斜层理 35.20 m
21. 紫红、绿灰色钙质泥岩、粉砂质钙质泥岩夹钙质粉砂岩，含有机物质碎片，具波状层理 27.80 m
20. 紫红色粉砂质钙质泥岩（含胶磷矿小块）夹灰绿色钙质粉砂岩 63.60 m
19. 紫红、灰紫色粉砂质泥岩（含钙质结核）夹灰紫色钙质粉砂岩（具虫迹构造） 53.90 m
18. 紫灰色中厚层粗—中粒钙质岩屑长石砂岩 7.70 m
17. 红紫色粉砂质泥岩与含砾砂岩互层 17.10 m
16. 红紫色细—粉砂岩与粉砂质泥岩互层，含虫迹化石 43.30 m
15. 紫红色泥岩夹粉砂岩及灰绿色中粒长石砂岩，底部灰绿色粗粒长石石英砂岩 44.00 m
14. 紫红、灰绿色细—粉砂岩与紫红色粉砂质泥岩互层 29.80 m
13. 上部红紫、灰绿色泥岩；下部紫红色粉砂岩 25.70 m
12. 紫红、灰绿色泥岩夹灰绿色粉砂质泥岩，具风成细波痕 8.00 m
11. 红紫、灰绿色细—粉砂岩夹灰绿色斑杂状泥岩 12.40 m
10. 灰紫色细砂岩与粉砂质泥岩不等厚互层 14.00 m
9. 上部灰紫色中层中粒杂砂岩及灰紫色粉砂岩、紫红色粉砂质泥岩；中部灰紫色中厚层中细粒杂砂岩及泥质粉砂岩；下部浅灰红色中层长石石英粗砂岩 21.90 m
8. 浅灰红色中厚层粗—中粒长石石英砂岩及灰紫色泥质粉砂岩 46.50 m
7. 灰紫色中—中厚层砂砾岩、含砾粗砂岩 6.20 m
6. 灰绿色中厚层中粒含帘石长石石英砂岩、粉砂岩(具小型沙纹层理)夹中细粒杂砂岩 19.60 m
5. 灰紫色中厚层细砾岩、含砾粗砂岩，其上为泥质粉砂岩、粉砂质泥岩（含钙质结核），顶部夹细砂岩 8.50 m
4. 上部灰紫色粉砂质泥岩；下部灰紫色钙质泥质粉砂岩（含钙质结核） 45.20 m

3. 灰绿色厚—中厚层中粒岩屑长石砂岩　26.20 m

2. 灰紫、灰绿色粉砂质泥岩夹粉砂岩及灰绿色薄—中层细粒长石石英砂岩　31.20 m

———— 整　合 ————

下伏地层：**直罗组**　浅灰绿色中层长石石英砂岩

【地质特征及区域变化】　本组岩性主要为紫红色间灰绿色碎屑岩、泥岩、泥灰岩等，形成韵律性不等厚互层，并自下而上总的构成由粗变细的层序。它与下伏直罗组连续沉积处，以大量出现紫红色砂岩、粉砂岩、泥岩时即可划为本组。

贺兰山北段的次层型红石崖剖面厚度大于 1 912 m，为灰绿、黄绿色长石石英砂岩、长石砂岩、粉砂岩、泥质粉砂岩、粉砂质泥岩和泥岩组成韵律层，夹灰绿色、紫红色泥灰岩。二道岭—缺台沟一带以紫红色泥岩为主，夹灰绿色厚层中细粒长石砂岩、薄层粉砂岩及泥灰岩、砂质灰岩少量，厚度 667～1 515 m。

贺兰山南段，内蒙古阿拉善左旗双圈一带出露厚度达 2 018.1 m 以上，平行不整合覆于直罗组之上，下部以紫红、灰绿、猪肝色及灰—灰褐色薄—厚层岩屑石英砂岩、钙质细粒石英砂岩为主，夹钙质粉砂岩、粉砂岩、砂砾岩及砾岩等；上部以紫红色泥岩、粉砂岩为主夹细砂岩。

盐池地区马坊沟剖面，厚度 274.7 m，下部以蓝灰色、杂色泥岩、页岩夹细砂岩、粉砂岩等；上部则以砖红色泥岩、粉砂质泥岩为主，夹灰白色中厚层钙质胶结的细粒长石石英砂岩及薄层粉砂岩等。

固原炭山石砚子一带，厚度 142.90 m，为紫红色厚层中细粒含泥质砂岩夹同色薄层细砂岩，底部砂岩含砾。

六盘山群　K*L*　(64-0052)

【创名及原始定义】　袁复礼（1925）在固原（蒿店、和尚铺、寺口子等地）创名六盘山系，原始定义为："六盘山系主要由绿色、红色、白色砂岩和绿色、蓝绿色页岩组成，其底部由二层鲕状灰岩，顶部有几层白色、黄褐色不含化石的灰岩。六盘山系向南厚度变薄，产鱼化石：*Lycoptera*，*Kansuensis*，Grabau。向北不整合于二叠系煤系之上，向南不整合于奥陶系灰色裂片状页岩及厚层—块状灰岩之上。"并据其鱼化石，将本群时代定为早白垩世。

【沿革】　谢家荣（1924）曾将六盘山区固原和尚铺、蒿店一带出露的相当六盘山群地层命名为陇山系，时代推测为下古生代，厚约 2 000 m。新中国成立以后，随着石油普查工作的展开，对六盘山系进行了再划分。1955 年地质部鄂尔多斯石油普查大队 632 队，将其自下而上分为（关士聪、谢继哲等，1957）底砾岩（Cr_1L^1）、紫色砂岩、泥岩层（Cr_1L^2）、下杂色层（Cr_1L^3）、蓝灰色泥岩夹灰岩层（Cr_1L^4）、灰质层（Cr_1L^5）、上杂色岩层（Cr_1L^6）。1959 年石油部银川石油勘探局 125 队① 将六盘山系自下而上建立了三桥组、和尚铺组、李洼峡组、马东山组和乃家河组。以后此划分方案得到广泛应用，并将六盘山系改称六盘山群（宁夏区测队，1965）。

【现在定义】　本组不整合覆于安定组或更老地层之上，与上覆寺口子组呈不整合接触。主要岩性：底部为紫红—灰色块状砾岩（三桥组）；中部为紫红—杂色砂砾岩、砂岩及泥岩、泥灰岩、灰岩（和尚铺组、李洼峡组）；上部为蓝灰、灰绿色页岩、泥岩、粉砂岩和长石石英

① 石油部银川石油勘探局 125 队，1959，六盘山区石油地质综合研究总结报告。宁夏区测队（1965）介绍。

砂岩、灰岩夹油页岩、石膏（马东山组、乃家河组）。

【层型】　见各组正层型。

【地质特征及区域变化】　本群的野外宏观色调自下而上由灰紫、紫红、杂色递变为灰绿、浅灰、蓝灰色；组成岩石下部以碎屑岩为主夹泥岩，上部则以泥岩为主夹泥灰岩、灰岩等，总体构成一个自下而上由粗变细的沉积序列。其区域变化延伸情况详见隶属的各组有关部分。

三桥组　K*s*　(64-0027)

【创名及原始定义】　本组系1959年石油部银川石油勘探局125队于陕西陇县固关三桥创名。原始定义为："指陇县三桥剖面上的一套暗紫色、红色块状中砾岩及粗砾岩。"

【沿革】　本组为六盘山群的一部分，关士聪等（1958）将其划为底砾岩层（Cr_1L^1），125队以此创名三桥层，沿用迄今。

【现在定义】　创名地指不整合于二叠系或更老地层之上、整合于和尚铺组棕红色砂岩之下的一套浅棕黄色—灰紫色块状砾岩，局部地方夹透镜状砂岩的地层序列；下与陇山（岩）群的变质岩以明显的不整合面为界，上以紫红色砂岩的出现作为和尚铺组的开始，分界清楚。在宁夏本组不整合于安定组（或更老地层之上），主体岩性为厚层—块状紫红色砾岩，夹砂岩，其上与和尚铺组连续沉积。

【层型】　正层型为陕西陇县固关三桥剖面。次层型为宁夏西吉火石寨剖面（起点坐标：105°45′，36°06′。宁夏区测队1962年测制）。

上覆地层：**和尚铺组**　紫红色巨厚层含砾长石砂岩夹少量砾岩

——— 整　合 ———

三桥组	总厚度　210.00 m
2. 紫红色砂质砾岩。砾石主要为花岗闪长岩、砂岩	16.00 m
1. 紫红色块状砾岩，顶部含砂岩透镜体	194.00 m

～～～～ 不整合 ～～～～

下伏地层：**西华山组**　灰白色白云石英片岩

【地质特征及区域变化】　区内本组主要出露于西吉县月亮山火石寨、山河镇，固原县和尚铺，同心县青山、窑山，泾源县沙塘川等地。三桥组岩性单一，主要由紫红色厚层—块状砾岩、角砾岩夹砂岩组成。砾石成分随地而异，多呈棱角状和次棱角状，排列杂乱，钙质胶结，层理不明显，厚度变化大，厚者可达850 m，薄者仅9.6 m。本组与下伏安定组（或更老地层）呈不整合接触；上部为紫红色砂质砾岩、砾岩，向上递变为紫红色巨厚层含砾长石砂岩、砂岩、细砂岩、粉砂岩，即为和尚铺组。

本组在西吉县火石寨剖面厚210 m，并不整合于海原群西华山组之上，岩性以紫红色块状砾岩为主，顶部为紫红色砂质砾岩。

本组于同心县青山、窑山地区亦有出露，在青山剖面厚度9.6 m，不整合于马家沟组之上，主要为黄、灰、灰白色砾岩、中砾岩；于窑山剖面厚78.3 m，不整合于延安组之上，主要为褐黄、黄绿、深灰色层状（块状）中砾岩。

固原县和尚铺一带，三桥组厚110 m，未见底，岩性以灰色（风化后呈黄色）块状砾岩为主。

和尚铺组　K*h*　(64-0028)

【创名及原始定义】　系1959年石油部银川石油勘探局125队于固原和尚铺创名和尚铺

组。原始定义为："岩性以紫红色砂质泥岩及细砂岩为主，夹蓝灰色泥岩、页岩及少许泥灰岩。本层为六盘山统含砂质最多的一层，一般为中层至厚层，层理较清晰，与下伏三桥层连续沉积。以李洼峡为中心厚756 m。"

【沿革】 自袁复礼（1925）创名六盘山系以来，关士聪等（1957）对其进一步划分，将本组划分为紫色砂岩、泥岩层（Cr_1L^2）。以后125队即以关氏划分为基础命名为和尚铺组，沿用至今。

【现在定义】 本组主体岩性为紫红色砂砾岩、砂岩、粉砂岩、泥岩等，夹少量灰白色粗—细粒长石石英砂岩、褐色页岩。与下伏三桥组呈整合接触，二者区别在后者为一套厚层—块状砾岩；与上覆李洼峡组连续沉积。

【层型】 正层型为固原和尚铺剖面（位于宁夏固原县和尚铺附近。起点坐标：106°14′，35°41′。石油部银川石油勘探局125队1958年测制）。

上覆地层：**李洼峡组** 薄—厚层泥质砂岩、泥质粉砂岩

——————— 整　合 ———————

和尚铺组 　　总厚度 554.30 m

14. 暗紫色中层泥质砂岩为主，夹薄—中层中粒石英砂岩、黄灰色灰质泥岩和灰岩，在泥岩层面上一般都有黄绿色页岩 　30.05 m
13. 紫红色薄—厚层泥质砂岩、砂质泥岩夹紫红色细砂岩、黄色泥灰岩层，局部夹薄层黄色砂岩，且具许多黑点子 　53.65 m
12. 紫红色中层泥质砂岩夹薄层细砂岩及灰绿色泥岩条带，上部夹页岩 　37.45 m
11. 紫色泥岩、薄层砂岩、中—厚层泥质砂岩，夹薄层条带状灰绿色泥岩 　38.20 m
10. 紫红色砂岩、泥岩，夹灰绿色灰岩、泥岩条带，砂岩含钙质 　39.80 m
9. 紫色细砂岩及页片状泥岩夹灰色厚层中砂岩 　65.30 m
8. 主要为紫色薄层细砂岩，夹同色泥岩，砂岩含泥质 　71.65 m
7. 上部为灰色泥灰岩及薄层细砂岩；中部为蓝灰色页片状泥岩；下部为薄层细砂岩，风化后呈黄色 　59.00 m
6. 紫色薄层泥质砂岩及灰绿色页片状泥岩 　57.20 m
5. 紫色薄层—块状泥质砂岩、砂质泥岩，中层砂岩夹灰绿色泥岩条带，泥岩都呈薄层，每层厚15～20 cm 　3.00 m
4. 暗灰色厚层砂质泥岩及薄层中砂岩，砂岩向上渐变为砾状砂岩、砾岩 　2.00 m
3. 上部紫色页片状砂质页岩及坚硬薄层灰质砂岩；中部薄层黄色砂质灰岩、泥灰岩；下部灰色薄层砾岩 　65.20 m
2. 黄色薄—中层细砂岩 　31.80 m

——————— 整　合 ———————

下伏地层：**三桥组** 灰色（风化后黄色）块状砾岩

【地质特征及区域变化】 本组以紫红色砂岩、粉砂岩为主，其厚度自东北同心县青山、窑山一带至南部和尚铺一带厚度渐增，碎屑岩粒度由粗变细。与上覆李洼峡组连续沉积，一般以大量出现杂色泥岩、泥灰岩、砂岩始即为本组顶界。

和尚铺剖面厚度554.3 m，其岩性普遍较细，下部以杂色、灰绿、黄色泥质砂岩、砂质泥岩、砂质页岩、砂质灰岩及细砂岩为主；上部以紫、紫红色泥岩、泥质砂岩、细砂岩、砂岩为主，常夹有灰绿、灰、蓝灰、黄灰色石英砂岩、灰质泥岩、泥岩、泥质砂岩和细砂岩等；顶

部常见有黄绿色页岩夹层。

自固原县和尚铺向北至李洼峡一带，岩性与和尚铺剖面基本一致，厚度 762.4 m。

西吉县火石寨剖面厚度 238 m，主要为紫红色巨厚—厚层细—粗粒长石砂岩、含砾粗粒长石砂岩、长石石英砂岩，夹少量泥质粉砂岩、粉砂岩、砂质泥岩等。

同心县青山—窑山地区，厚度减至 38.3～47.1 m，以黄—黄灰、紫红、灰白色中—厚层中—细粒砂岩为主，夹泥质砂岩及泥岩。

李洼峡组 K*l* (64－0029)

【创名及原始定义】 1959 年石油部银川石油勘探局 125 队于固原李洼峡创名李洼峡组。原始定义为："主要岩性为灰绿色与紫红色相间的砂质泥岩、泥岩及泥灰岩。与下伏和尚铺层连续沉积，向上渐变细过渡到沉积最细的马都山层。厚度 520 米。"

【沿革】 1957 年关士聪等将六盘山系自下而上划为六层，本组相当下杂色层 (Cr_1L^3)。125 队 (1959) 依此创名李洼峡组，以后为各方采用。

【现在定义】 本组为杂色（灰白、灰绿、紫红、蓝灰）砂岩、泥岩、泥灰岩、灰岩组成之韵律层，与下伏和尚铺组为连续沉积，二者区别为后者主体岩性为紫红色碎屑岩。其上与马东山组为整合接触。

【层型】 正层型为固原李洼峡剖面（位于固原县开城乡李洼峡一带。起点坐标：106°13′，35°51′。石油部银川石油勘探局 125 队 1958 年测制）。

李洼峡组 总厚度	＞412.05 m
12. 灰绿色厚层泥灰岩及紫红色薄—厚层泥灰岩与灰、褐色钙质页岩不等厚互层（未见顶）	＞118.85 m
11. 上部为紫色厚层灰质泥岩与灰绿色厚层泥灰岩不等厚互层，下部为虫孔状泥质砂岩夹一薄层灰色致密坚硬灰质岩	52.70 m
10. 灰绿色厚层泥灰岩与紫色厚层泥岩不等厚互层	61.80 m
9. 紫色厚层含砂质泥岩与灰绿色薄层泥岩等厚互层	178.70 m

——————— 整 合 ———————

下伏地层：和尚铺组 灰绿色薄层泥岩与紫红色薄—厚层砂质泥岩不等厚互层

【地质特征及区域变化】 本组由杂色（灰、灰黄、灰绿、紫红等）泥岩、泥灰岩和少量砂岩组成，与下伏以紫红色砂岩、粉砂岩为主的和尚铺组连续沉积，二者分界标志明显。在区域内本组厚度大体有以和尚铺为中心向四周减薄趋势，和尚铺剖面厚度 901.79 m，为杂色碎屑岩、泥岩、泥灰岩等组成之韵律层；向西至西吉火石寨剖面厚度 140 m，以杂色钙质泥岩、砂质泥岩、隐晶质灰岩、鲕状灰岩为主，夹钙质砂岩、粉砂岩、黑色页岩等；东部彭阳县安家川厚度 141 m，以杂色细砂岩、含砾砂岩、钙质泥岩为主，夹紫红色页岩等，顶部常见樱红色泥质粉砂岩；自和尚铺向北经李洼峡（厚度 412.05 m）至同心县青山—窑山地区，本组厚度 40.2～142.7 m，青山一带以杂色泥岩、页岩、砂岩为主，下部夹薄层灰岩、泥灰岩。

马东山组 K*m* (64－0030)

【创名及原始定义】 石油部银川石油勘探局 125 队于 1959 年在固原马东山创名马都山组（原创名人将马东山和马都山互用），原始定义为："主要岩性为一套中厚至厚层蓝灰色夹灰黄色泥岩、页岩、泥灰岩夹石灰岩及油页岩，偶夹砂质泥岩、泥岩，产植物、昆虫、甲壳及鱼类化石。最厚是庙山 1 410 m。与下伏李洼峡层和上覆乃家河层连续沉积。"

【沿革】 1957年关士聪等在对六盘山系进行划分时，将本组划分为蓝灰色泥岩夹灰岩层(Cr_1L^4)。125队(1959)以此为基础建立马东山组，沿用至今。

【现在定义】 本组岩性以蓝灰、灰绿、灰黄色薄—中层钙质泥岩、页岩、泥灰岩互层为主，夹鲕状灰岩、隐晶灰岩，局部夹油页岩。与下伏李洼峡组为连续沉积，二者区别为后者砂岩多，前者灰岩呈草帽状，夹油页岩，且不含紫红色泥岩。其上与乃家河组呈整合接触。

【层型】 正层型为固原什字乡和尚铺剖面(起点坐标：106°14′，35°41′。石油部银川石油勘探局125队1958年测制)。

上覆地层：**乃家河组** 灰绿色厚层泥岩夹灰白色不等厚灰质岩

——— 整 合 ———

马东山组	总厚度 95.72 m
36. 上部为灰绿色厚层泥岩夹灰色灰岩及页岩，顶部有一层不明显的鲕状灰岩，下部为蓝灰色泥岩夹薄层泥灰岩、页岩、灰岩、含砂质泥岩	16.1 m
35. 灰绿色中层泥岩与灰色泥灰岩互层，底部有一层含铁质灰岩	9.40 m
34. 蓝灰色中—厚层泥岩夹薄层泥灰岩，底部有一层蓝灰色含砂质的页岩	27.80 m
33. 灰色中—厚层泥岩夹薄层泥灰岩，底部为灰色含泥质灰岩	5.90 m
32. 蓝灰色泥岩与灰色灰岩互层，中夹鲕状灰岩	18.40 m
31. 灰色鲕状灰岩	1.50 m
30. 灰绿色中—厚层泥岩、灰岩和鲕状灰岩	16.62 m

——— 整 合 ———

下伏地层：**李洼峡组** 灰绿色泥岩与灰白色灰岩互层，夹多层紫色泥岩

【地质特征及区域变化】 本组为灰、灰绿(蓝灰)色泥岩、泥灰岩、鲕状灰岩组合，灰岩、泥灰岩呈大小不等的透镜体状；灰岩透镜体在剖面上的形态为下层面平直、上层面波浪状鼓起形似草帽，故习称草帽状灰岩(亦有文献称波浪状灰岩)。本组与下伏李洼峡组区别在于后者为杂色(含红—紫红色泥岩、泥灰岩等)，且草帽状灰岩、鲕状灰岩少见，一般以李洼峡组中紫红色岩层消失的顶面作为本组底界。和尚铺剖面厚95.72 m，以蓝灰、灰绿、灰色泥岩、灰岩、页岩互层为主，夹泥灰岩、鲕状灰岩、砂质泥岩等。臭水沟剖面厚度增至1181.95 m，以灰、黄、灰褐色页岩、鲕状灰岩、泥灰岩、泥岩为主，夹薄层灰岩、页岩等。石砚子剖面厚401.60 m，以蓝灰、灰、灰绿色薄层泥岩、中—厚层泥灰岩为主，夹少量灰岩；上部以蓝灰、灰色钙质泥岩、泥灰岩、页岩为主，夹薄层泥灰岩、鲕状灰岩、砾状灰岩，靠近顶部夹有纤维状石膏薄层。

同心县青山—窑山一带，本组厚度减薄，青山厚210.97 m，以蓝灰、灰绿、灰黄色泥质砂岩、细砂岩、泥岩、泥灰岩为主，夹有同色页岩、鲕状灰岩、薄层泥灰岩等，局部见页片状石膏；窑山剖面厚136.10 m，为黄、灰黄、蓝灰色页岩、泥岩、泥灰岩互层，并常夹黄色草帽状灰岩，顶部见少量鲕状灰岩，中部夹三层黑色油页岩(每层厚约0.3 m)。

乃家河组 K*n* (64-0031)

【创名及原始定义】 1959年石油部银川石油勘探局125队以固原小关山北部之乃家河而创名乃家河组。原始定义为："岩性主要为一套泥质岩夹灰质岩、页岩，偶夹石膏、砂质泥岩。以蓝灰、黄灰色为主，间紫红色，全层显灰绿色。以硝口为中心厚3040 m。与下伏马东山层呈连续沉积。"

【沿革】 在袁复礼1925年创名六盘山系后，1957年关士聪等将六盘山系上部划分出灰质层（Cr_1L^5）和上杂色岩层（Cr_1L^6），此后125队将两层合并称乃家河组，后人均以此称之，作为六盘山群最上部的一个组。

【现在定义】 本组为蓝灰、灰绿色和紫红色砂岩、泥岩、泥灰岩、灰岩夹石膏层。紫红色岩层上部较多，基本不含鲕状灰岩和具波浪状构造的灰岩；与下伏马东山组为连续沉积，其上为第三系寺口子组不整合覆盖。

【层型】 由于银川石油勘探局125队未在创名地测制剖面，亦未指定层型。故今将固原和尚铺剖面定为选层型（位于宁夏固原县和尚铺一带。起点坐标：106°14′，35°41′。石油部银川石油勘探局125队1958年测制）。

上覆地层：**寺口子组** 浅红色砾岩

～～～～～～～～ 不 整 合 ～～～～～～～～

乃家河组	总厚度 43.00 m
40. 紫红带黄色页片状泥岩，夹薄层灰质泥岩多层及薄层石膏	6.00 m
39. 蓝灰色薄层泥灰岩与黄绿色含砂质泥岩，向下部变为厚层，夹页片状石膏	9.00 m
38. 灰绿色厚层泥岩与中层含石膏的泥岩不等厚互层，泥岩中夹一层约5 cm不明显的鲕状灰岩，下部夹18 cm灰色风化后为黄色的鲕状灰岩，层理面夹薄层石膏	13.00 m
37. 灰绿色厚层泥岩夹灰白色不等厚灰质岩二层（厚10 cm、5 cm），灰质岩之间为薄层砂质泥岩	15.00 m

———————— 整 合 ————————

下伏地层：**马东山组** 灰绿色厚层泥岩夹灰色灰岩及页岩

【地质特征及区域变化】 本组为蓝灰、灰绿色砂岩、泥岩、泥灰岩夹石膏层，上部常夹紫红色砂岩、泥岩等，其野外宏观色调较下伏马东山组深，以蓝灰—灰绿色为主（风化后又多呈灰黄色），基本不含草帽状灰岩、鲕状灰岩；在固原以北各地中下部还以含沥青质为特征（灰岩、泥岩等用铁锤击之有沥青臭味），为与下伏马东山组的重要区别。

和尚铺剖面厚度43 m，以灰绿、蓝灰色泥岩、泥灰岩、砂质泥岩为主，顶部夹紫红色泥岩，其中常夹有多层页片状石膏；向北至固原臭水沟一带厚度为302.84 m，为蓝灰、灰色泥岩、泥灰岩、灰岩互层，夹少量页岩，其底部有一层厚0.5 m的黑色油页岩，顶部为紫红色薄层砂岩；在寺口子一带厚度大于525 m，以蓝灰、灰绿、灰—灰蓝色泥质灰岩、砂质灰岩、薄层灰岩互层为主，夹少量页岩及石膏层，顶部为一层紫红色页岩。北部同心窑山厚度大于146.81 m，以紫红、灰绿色泥岩、泥灰岩、砂质泥岩为主，见有较多的石膏夹层。

保安群 K*B* (64－0054)

【创名及原始定义】 潘钟祥（1934）创立保安系。原始定义为："分布于陕北西部，甘肃之东部兹名之为保安系，包括洛河砂岩、华池砂岩及环河层，其下部均为红色斜层砂岩，及少许之页岩，质颇松软，上部则为红色砂岩及绿色砂岩页岩之互层，本层总厚度约2 000 m。此系与安定层似为一整合接触，但在宜君之西，由灰岩而易为砾岩，颇为不连续有力之证，时代应属于白垩纪。"

【沿革】 在宁夏地区，石油部西安地质调查处1957年① 在甘肃环县一带进行石油普查

① 石油部西安地质调查处，1957，甘肃环县一带地质详查总结报告。

时，将盐池、灵武地区的白垩纪地层称保安系，并自下而上划分为宜君砾(岩)组、洛河砂(岩)组、环河-华池组、罗汉洞组、泾川组。1980年中国地质科学院地质研究所将保安系改成群后因命名地保安县更名为志丹县，因而人们将保安群亦随之改称志丹群（中国地质科学院地质研究所，1980）。但按中国地层指南规定，保安群一名应继续使用，而考虑到当前实际状况，志丹群一名可作为保安群的同物异名。

【现在定义】 本群由一套棕红—紫红、杂色碎屑岩、泥岩和少量泥灰岩组成。自下而上可分为宜君组、洛河组、环河组、罗汉洞组、泾川组。

【层型】 见本群隶属各组层型。

【地质特征及区域变化】 本群在宁夏主要分布于东部灵武、盐地一带，地质特征及延伸变化情况见隶属各组有关部分。

宜君组 K*y* (64－0058)

【创名及原始定义】 本组系1926年M L Fuller和F G Clapp在陕北宜君地区创立。原始定义为："指出露于店头南部和西南部一带，覆于陕西系之上和块状洛河砂岩之下的鲜红色页岩、砂岩和砾岩，称为宜君层。"

【沿革】 石油部西安地质调查处（1957）将灵武、盐池一带保安群下部划出宜君砾岩组，后改称宜君组，并为各方面采用（宁夏区域地层表编写组，1980）。

【现在定义】 本组平行不整合覆于安定组之上，为一套灰紫色硅质、钙质胶结砾岩，夹少量含砾砂岩和棕红、棕褐色砾状砂岩、灰黄色砂岩，与上覆洛河组棕红色石英砂岩呈整合接触，以大量砾岩结束而出现大量泥、砂岩为二者分界。

【层型】 选层型为陕西宜君县老虎塔剖面。次层型为宁夏盐池上台子井下剖面（位于宁夏盐池县大水坑乡上台子东北38孔。起点坐标：106°52′，37°25′。石油部长庆油田第三分指挥部1975年录井）。

上覆地层：**洛河组** 深棕褐色泥岩

——————— 整　合 ———————

宜君组	总厚度 177.00 m
4. 棕灰色砾状砂岩	81.00 m
3. 棕褐、暗棕红色含砾砂岩夹暗棕红色砂质泥岩	36.00 m
2. 棕红、棕褐、棕黄色泥岩夹薄层棕红、棕黄色含砾砂岩、砾状砂岩	37.00 m
1. 棕红、棕黄色含砾砂岩夹棕红、棕褐、棕黄色泥岩	23.00 m

－－－－－－－ 平行不整合 －－－－－－－

下伏地层：**安定组** 紫灰、蓝灰色泥岩、砂质泥岩

【地质特征及区域变化】 本组主体岩性为紫红、棕红色砾岩、砂砾岩夹粗砂岩、泥岩少量，岩性单一，标志明显。它平行不整合于安定组之上，与上覆洛河组连续沉积。灵武碎石井剖面厚度大于886.80 m，以灰紫色钙质、硅质胶结砾岩为主，夹灰黄、灰白色砂砾岩、含砾砂岩及砂岩等，向东南至侯家河附近灵盐三井总厚度仅41 m，以棕红色砾岩为主；再向南及至盐池上台子一带井下厚度177 m，以棕红—黄、棕褐色含砾砂岩、砾状砂岩为主，夹同色泥岩、砂质泥岩少量。

洛河组 K*lh* (64－0059)

【创名及原始定义】 M L Fuller和F G Clapp（1926）于陕西今志丹县北洛河创名洛河

砂岩。原始定义为："一套疏松的块状中粒交错层砂岩，带粉红色的淡黄色到鲜红色，剖面位于距延安府西南25到35英里处的洛河边，并且向西北可延伸到长城附近，在彬县的南方和西南方向上也有少量分布。"

【沿革】　在宁夏50年代石油部门引进洛河砂岩一名（石油部西安地质调查处，1957），以后改称洛河组，为各方面采用至今（宁夏区域地层表编写组，1980）

【现在定义】　本组与下伏宜君组为连续沉积，棕红、棕紫、棕褐色块状石英砂岩、泥质砂岩夹同色砂质泥岩、粉砂质泥岩及泥岩组成。与上覆环河组连续沉积，以大量出现棕红—杂色砾岩、含砾砂岩组合之底面作为与环河组分界。

【层型】　正层型为陕西省志丹县北洛河剖面。次层型为宁夏盐池上台子38号钻井柱状剖面（井位位于宁夏盐池县大水坑乡上台子东北。起点坐标：106°52′，37°25′。石油部长庆油田第三分指挥部1975年录井）。

上覆地层：**环河组**　紫灰、棕紫色砾岩

——————　整　合　——————

洛河组	总厚度　334.00 m
21. 棕红色泥质砂岩	24.00 m
20. 棕紫色泥岩	7.00 m
19. 棕红色泥质粉砂岩	27.00 m
18. 棕紫色砂质泥岩	3.00 m
17. 浅紫红色细砂岩	12.00 m
16. 棕紫色砂质泥岩，下部夹棕红色泥质粉砂岩	34.00 m
15. 紫灰色砾岩	6.00 m
14. 棕紫色砂质泥岩	9.00 m
13. 紫灰色砾岩	21.00 m
12. 棕红、深桔红色泥质砂岩夹棕褐色、棕紫色泥岩	37.00 m
11. 棕褐、棕紫色泥岩	5.00 m
10. 棕红、深桔红色泥质砂岩	3.00 m
9. 棕褐、棕紫色泥岩	6.00 m
8. 棕红、深桔红色泥质砂岩	34.00 m
7. 棕红、深桔红色泥质砂岩夹棕褐色、棕紫色泥岩及砂质泥岩	20.00 m
6. 深桔红、棕红色细砂岩夹深棕褐色泥岩	78.00 m
5. 深棕褐色泥岩	8.00 m

——————　整　合　——————

下伏地层：**宜君组**　棕灰色砾状砂岩

【地质特征及区域变化】　本组为棕红、棕紫、棕褐色及深桔红色细砂岩、泥质砂岩、砂质泥岩、泥岩，砂岩中板状斜层理较为发育，当大量出现棕红—杂色砾岩、含砾砂岩即为上覆环河组。本组在区内多见于井下，仅在盐池县西李庄子南侧见有小片露头。盐池上台子井下厚度334 m，以棕红、棕紫色（深桔红、紫灰色）细砂岩、泥质砂岩、砂质泥岩、泥岩为主，中部夹有细砾岩透镜体。盐池侯家河灵盐三井本组厚度217 m，岩性单一，为棕红色块状石英砂岩、石英粗砂岩夹砂质泥岩。

环河组　K*hh*　（64-0060）

【创名及原始定义】 1926年M L Fuller和F G Clapp创名华池砂岩、环河建造。原始定义为："沿甘肃省东部的洛河层分布，以红色砂岩覆盖在洛河砂岩之上，其后沉积了页岩。与洛河砂岩的沉积有些突变，显示整合下沉积；其上页岩逐渐增加，变为红、灰绿色砂岩、页岩近等厚互层。沉积范围西至环河盆地。"

【沿革】 1957年石油部西安地质调查处将环河-华池组引进本区，指介于洛河组与罗汉洞组之间的这段地层，以后为各方面采用（宁夏区域地层表编写组，1980）。本次对比研究过程中创名所在省认为环河组（层）与华池组（层）为一个岩石地层单位，二者不可分，故统一以环河组名之，本书依此意见。

【现在定义】 本组下部以含砾砂岩、杂色砾岩为主，夹泥质砂岩、泥岩；上部变细，多为紫红—棕红、灰绿、蓝灰色泥岩、泥质砂岩、长石砂岩，砂岩中夹少量灰绿色粉砂质泥灰岩等。它与上覆罗汉洞组和下伏洛河组均为连续沉积。

【层型】 选层型为甘肃合水县豹子沟—陕西富县黑水寺剖面。次层型为宁夏盐池县灵盐三井环河组柱状剖面（位于盐池县侯家河西北6 km。起点坐标：107°08′，37°37′。石油部长庆油田第三分指挥部1975年录井）。

上覆地层：**罗汉洞组** 棕红色砂岩

——————— 整 合 ———————

环河组	总厚度 501.00 m
12. 棕红色泥质砂岩夹暗棕红、蓝灰色砂质泥岩	144.00 m
11. 棕红色砂岩、砾岩夹泥岩	91.00 m
10. 棕红色泥岩夹砂岩	31.50 m
9. 棕红色含砾砂岩	38.50 m
8. 棕红色含砾砂岩及杂色砾岩	86.50 m
7. 棕红色泥质砂岩与泥岩互层	34.50 m
6. 棕红色含砾砂岩及砾岩	75.00 m

——————— 整 合 ———————

下伏地层：**洛河组** 棕红色石英砂岩

【地质特征及区域变化】 本组下部以棕红色含砾砂岩及杂色砾岩为主，夹泥质砂岩和泥岩；上部岩性变细，多为棕红、暗棕红、蓝灰色泥岩、泥质砂岩、砂质泥岩、砂岩为主，局部（多在中部）夹灰—灰绿色含砂质微晶灰岩、泥灰岩等，向上当大量出现棕红—桔红色砂岩即划入上覆罗汉洞组。

本组在区内出露零星，主要见于灵武、盐池一带井下，其厚度一般为478～548 m，各地岩性与上述大体相似。

罗汉洞组 *Klhd* （64-0061）

【创名及原始定义】 张更、田在艺1952年在甘肃泾川罗汉洞创名罗汉洞层，中国科学院地质研究所（1956）介绍。原始定义为："出露于甘肃省泾川县罗汉洞附近，露头由沟门前到郝家沟。下部为厚层紫色砂岩夹黄绿色层；中部为桔红色交错层砂岩；上部红色岩层夹薄层的灰、黄色砂岩、页岩。厚度为200 m。"

【沿革】 在宁夏地区由石油部西安地质调查处（1957）将罗汉洞层改成罗汉洞组，以后为各方面采用（宁夏区域地层表编写组，1980）。

【现在定义】 本组与下伏环河组连续沉积。岩性为棕红—桔红色砂岩，夹少量砂质泥岩、泥岩。与上覆泾川组为连续沉积，一般以开始大量出现棕红色泥岩、泥质粉砂岩作为与泾川组分界。

【层型】 选层型为甘肃泾川—陕西彬县朱家湾剖面。次层型为宁夏盐池灵盐三井罗汉洞组柱状剖面（钻井位置，录井单位、时间同环河组）。

上覆地层：**泾川组** 棕红色砂岩夹泥岩

——————— 整 合 ———————

罗汉洞组	总厚度 96.00 m
17. 桔棕红色砂岩	11.00 m
16. 棕红色砂岩夹棕红色砂质泥岩	41.00 m
15. 棕红色砂岩	11.00 m
14. 棕红色泥岩、砂质泥岩	9.00 m
13. 棕红色砂岩	24.00 m

——————— 整 合 ———————

下伏地层：**环河组** 棕红色泥质砂岩夹砂质泥岩

【地质特征及区域变化】 本组在灵盐三井厚 96 m，以棕红—桔红色砂岩为主，夹泥岩、砂质泥岩少量，砂岩多为泥质胶结，结构疏松，交错层理发育。在灵武、盐池一带本组仅出露于各沟谷中，自上述剖面向东南至盐池县石山沟剖面厚度增至 211.7 m，岩性大体相似为桔黄色中层细粒硬砂质长石砂岩夹紫红色泥岩，砂岩中交错层理亦较发育。

泾川组 K*j* （64－0062）

【创名及原始定义】 1952 年张更、田在艺在甘肃泾川县城附近创名泾川层，中国科学院地质研究所（1956）介绍。原始定义为：“分布于泾川城附近，上与第三纪三趾马层相接，岩性：下部为紫色、绿灰色砂质页岩互层；中部为薄层灰色砂岩及灰、深灰色页岩，含石灰质；上部为紫红色砂页岩及灰色页岩。厚度 200 m。”

【沿革】 石油部西安地质调查处（1957）从灵武盐池地区保安群上部划出泾川组，沿用至今（宁夏区域地层表编写组，1980）。

【现在定义】 本组为紫红、棕红色泥岩、泥质粉砂岩、砂岩夹白色薄层砂岩、泥灰岩等，与下伏罗汉洞组为整合接触，其上常为清水营组不整合覆盖。

【层型】 正层型为甘肃泾川剖面。次层型为宁夏盐池灵盐三井（钻井位置，测井单位、时间同环河组）。

上覆地层：**清水营组** 浅棕色泥岩

~~~~~~~~ 不 整 合 ~~~~~~~~

泾川组	总厚度 130.00 m
22. 棕红色泥岩夹泥质粉砂岩	28.00 m
21. 棕红色泥岩与细砂岩互层	25.00 m
20. 棕红色细砂岩	11.00 m
19. 棕红色细砂岩与泥岩互层	37.00 m
18. 棕红色砂岩、泥质砂岩夹泥岩	29.00 m

——————— 整 合 ———————
~~~~~~~~

下伏地层：罗汉洞组　棕红色砂岩

【地质特征及区域变化】　本组在灵盐三井厚130 m，并以棕红色泥岩、细砂岩为主，夹同色、泥质粉砂岩等，平行层理发育；与上覆地层（清水营组）为不整合接触，与下伏地层罗汉洞组为连续沉积，一般以本组棕红色泥岩的底面与罗汉洞组顶部之棕红色砂岩分界。灵盐三井向东南至盐池石山子一带厚度大于46.40 m，以紫红、灰白色中层泥岩为主，夹长石砂岩等。

庙山湖组　Kmŝ　(64-0011)

【创名及原始定义】　银川石油勘探指挥部108队于1969年在青铜峡市庙山湖地区创名庙山湖组①。原始定义为："底部不整合覆于上侏罗统或更老地层之上的含*Cypridea acclinia*和腹足类化石的一套红—棕红色泥岩夹泥灰岩、细粒石英砂岩、砾岩等，时代属早白垩世。其上与第三系渐新统为不整合接触关系。红崖子（正层型）厚504.2 m。"

【沿革】　银川石油勘探指挥部108队（1969）在创立本组时，他们将贺兰山中—南段塔塔水、青石嘴、庙山湖、柳沟门、红崖子等地白垩系下部砾岩命名为"柳沟门组"，上部含*Cypridea acclinia*和腹足类化石的一套红—棕红色泥岩夹泥灰岩、细粒石英砂岩、砾岩等命名为庙山湖组。之后，宁夏区调队（1975）在进行中卫幅1∶20万区调时，不用"柳沟门组"一名，而将下部砾岩连同上部棕红色泥岩等统称庙山湖组。宁夏区域地层表编写组（1980）则仍依108队划分意见。巴伦别立幅1∶20万区调时（1978）则与中卫幅划分一致，但改称庙山湖群，以后大多均从此意见。本次对比研究，仍按宁夏区调队（1978）意见划分，降群为组。

【现在定义】　本组不整合于安定组（或更老地层）之上，下部以紫红—棕红色砾岩、砂砾岩、砂岩为主，夹少量泥岩；上部则以棕红—紫红色泥岩为主，夹灰白—灰红色泥灰岩和少量砂岩，其上常为清水营组呈不整合覆盖。

【层型】　正层型为青铜峡市庙山湖地区之红崖子剖面（64-0011-4-1），但该剖面下部未出露。兹列次层型青铜峡市英发沟剖面（位于宁夏青铜峡市英发沟。起点坐标：105°46′，37°52′。宁夏区调队1976年测制）。

上覆地层：清水营组　桔红色含石膏质粘质砂土

~~~~~~~~ 不 整 合 ~~~~~~~~

庙山湖组	总厚度　938.40 m
17. 土红色砂质粘土、桔红色粘质砂土互层	35.30 m
16. 砖红色砂砾岩夹土红色粘质砂土	25.10 m
15. 土红色粘质砂土夹砖红色砂岩和砂砾岩透镜体及灰白色粉砂岩条带	122.60 m
14. 灰绿色粘土夹灰白色泥灰岩	24.10 m
13. 灰白色含生物碎屑隐晶灰岩	24.00 m
12. 土红色粘质砂土夹砂岩	35.50 m
11. 灰白色隐晶灰岩	17.50 m
10. 桔红、土红色粘质砂土夹褐红色砂砾岩	34.40 m
9. 褐红色砂砾岩	37.00 m

① 银川石油勘探指挥部108队，1969，银川地堑西缘地层调查小结。
~~~~~~~~

8. 砖红色砂岩夹少量砾岩和土红色粘质砂土　152.70 m

7. 灰白色隐晶灰岩。产介形虫：*Cypridea* (*Cyamocypris*) spp.，*C.* (*Morinina*) cf. *depressa*；双壳类：*Sphaerium* sp.　37.60 m

6. 桔红—土红色粘质砂土夹砖红色砂岩和少量砾岩　141.90 m

5. 褐砖红色砂岩　21.80 m

4. 砖红色粘质砂土夹钙质砂岩、砂质隐晶灰岩　32.80 m

3. 褐红色砂岩　61.20 m

2. 褐红色砂岩夹少量砾岩　72.30 m

1. 砖红—黄绿色砾岩夹少量土红色砂质粘土　62.60 m

~~~~~~~~~~ 不 整 合 ~~~~~~~~~~

下伏地层：**安定组**　厚层砾岩

【地质特征及区域变化】　英发沟剖面厚度938.40 m，其岩性下部主要由砖红、棕红、紫红色厚层砾岩、砂岩组成；上部则为杂色（桔红、灰白、灰绿）砂岩、粉砂岩、泥岩（粘土）夹灰白色泥灰岩、隐晶灰岩及砂砾岩透镜体。自英发沟剖面向北至正层型红崖子剖面基本未见底部，厚度大于504.2 m，下部为棕红色砾岩、砂岩夹泥岩；上部则以紫红—桔红色泥岩、粉砂岩夹泥灰岩、泥质灰岩等。在贺兰山西麓内蒙古阿拉善左旗塔塔水地区，出露厚度大于1 187 m，其下部以砖红色厚层砾岩为主；上部为砖红—褐红色泥质砂岩、含砾砂岩夹泥灰岩、泥岩等，含石膏夹层。

综上所述，本组主要分布于青铜峡市英发沟、庙山湖地区，沿贺兰山东麓断续出露，直至贺兰山头关。在贺兰山西麓，内蒙古阿拉善左旗之南寺、塔塔水、青石嘴亦有较广泛分布。它们不整合于安定组或更老地层之上，其下部为棕红色厚层砾岩，向上则递变为棕红、桔红、灰绿、灰白等色砂岩、粉砂岩、泥岩夹泥灰岩、灰岩等。

第二节　年代地层单位及生物组合特征

宁夏缺失早侏罗世沉积，中侏罗世产丰富的植物化石，可论证其时代，晚侏罗世化石稀少。兹依岩石地层单元划分自下而上分别讨论它们的时限、年代地层单位的划分。

延安组为一个植物化石较为丰富的岩石地层单位，综合在宁夏地区本组常见的属种有：*Coniopteris hymenophylloides*, *C. tatungensis*, *C. burejensis*, *Eboracia lobifolia*, *Phoenicopsis angustifolia*, *P. speciosa*, *Czekanowskia rigida*, *C. setacea*, *Ginkgoites* cf. *lepidus*, *G. sibiricus*, *Baiera* sp., *Sphenobaiera huangi*, *Equisetites lateralis*, *E. ferganensis*, *Neocalamites* sp., *Podozamites lanceolatus*, *Pityophyllum longifolium*, *Nilssonia* cf. *sinensis* 等。上述植物群以银杏和真蕨类最丰富，松柏类的一些属种也占有重要位置，木贼类则居次要地位，属周志炎等（1980）所划分的 *Coniopteris*-*Phoenicopsis* 植物组合的早期群落，时代属中侏罗世早期。

直罗组在宁夏各地的植物化石主要有：*Czekanowskia rigida*, *Baiera* sp., *Phoenicopsis* cf. *speciosa*, *P. angustifolia*, *Ginkgoites* sp., *Sphenobaiera* sp., *Coniopteris hymenophylloides*, *C. tatungensis*, *C. quinqueloba*, *Cladophlebis denticulata*, *C.* cf. *argutula*, *Podozamites lanceolatus*, *P. schenki*, *Ferganiella* sp. 等。这一植物组合与前述延安组植物组合类似，但其中 *Coniopteris* 一属所含的种以小羽片深裂、叶膜退缩的为主，属周志炎等（1980）划分的 *Coniopteris*-*Phoenicopsis* 植物组合的晚期群落，时代为中侏罗世晚期。
~~~~~~~~~~

安定组化石稀少，仅贺兰山北段缺台沟剖面本组上部曾获得孢粉：*Classopollis* sp.，*Ephedripites* sp. 和 *Lygodiumsporites* sp. 等（宁夏区调队，1982），其中以 *Classopollis* 含量最高，这一特征与鄂尔多斯盆地安定组（*Classopollis* 占孢粉组合 18%～54%）、俄罗斯西伯利亚南部的上侏罗统（占 50%～80%）情况类似。孢子 *Lygodiumsporites* 在欧亚大陆晚侏罗世较少，而大量繁盛于早白垩世。综合上述，据所产孢粉组合推测其时代应归属晚侏罗世。

六盘山群所隶属各组，除三桥组外，大多产有鱼类、叶肢介、双壳类、介形类和植物等门类化石，但缺乏按剖面系统采集化石的资料，故这里只能综合前人古生物资料，择其部分重要者，按组（自下而上）列述于后，再综合分析六盘山群时限和年代地层划分问题。

和尚铺组在固原三关口附近有植物：*Pagiophyllum* sp.，*Otozamites* sp.；李洼峡一带产双壳类：*Nakamuranaia chingshanensis*，*Sphaerium* sp.；在隆德罗家峡产鱼类化石：*Lycoptera* sp.，隆德石窑寺产：*Huashia tungi*。

李洼峡组在李洼峡—和尚铺地区产植物：*Pagiophyllum* sp.，*Otozamites klipsteinii*，cf. *Sphenolepidium sternbergianum*，*Brachyphyllum* cf. *obesum*，*Androstrobus nathorsti*；叶肢介：*Orthestheria* sp. 等；固原苋麻湾产鱼类：*Kuntulunia longipterus* 等。

马东山组化石丰富，据火石寨、叶家河、石岘子、和尚铺、三关口（固原县）、青石嘴及窑山等地所产主要有鱼类：*Tongxinichthys microdus*，*Kuntulunia longipterus*；介形虫：*Cypridea vitimensis*，*C. unicostata*，*C.* cf. *porrecta*，*C.* cf. *tera*，*C.* cf. *lunata*，*C.* cf. *kansus*，*C.*（*Pseudocypridina*）*magna*，*Ziziphocypris* cf. *rugosa*，*Lycopterocypris*（?）cf. *glaber*，*L. debilis*，*L. infantilis*，*Mongolianella* cf. *palmosa*，*M.*（?）cf. *prona*，*Darwinula contracta*，*Clinocypris* sp.，*Limnocypridea* sp.；叶肢介：*Orthestheria* cf. *intermedia*，*Bairdestheria* sp.，*Opsipolygrapta kueichowensis*，*Yanjiestheria sinensis*；双壳类：*Sphaerium* sp.；植物：*Elatocladus* sp.，*Equisetites* sp.，*Anomozamites* sp.，*Brachyphyllum* sp.，*Pagiophyllum* sp.，*Otozamites* sp.，*Onychiopsis* sp.，cf. *Pterophyllum* sp.，cf. *Pseudofrenelopsis foveolata*，*Zamiophyllum buchianum*，*Glossozamites* sp. 等。

乃家河组于马西沟、火石寨、马东山、青石嘴、康家湾等地计产鱼类：*Tongxinichthys microdus*；叶肢介：*Yanjiestheria kansuensis*，*Bairdestheria sinensis*，*Opsipolygrapta* sp.，*Palaeolimnadia*? sp.，*Orthestheria* sp.；介形虫：*Darwinula* sp.，*Ziziphocypris* sp.；植物：? *Onychiopsis* sp.，*Anomozamites* sp.，*Pterophyllum* sp.，*Zamiophyllum buchianum*，*Otozamites* sp.，*Pagiophyllum* sp.，*Brachyphyllum* sp.，*Pseudofrenelopsis* sp.，cf. *P. foveolata* 等。

六盘山群以盛产 *Lycoptera* 等鱼类化石而著称，早年（刘宪亭，1963）曾记述有：*Lycoptera woodwardi*，*L. kansuensis*，*L. lungteensis*，*L. tungi*（该种现已改归 *Huashia* 属下，马凤珍，1980）等。但至 80 年代，马凤珍（1980）、刘宪亭（1985）等先后发表了六盘山群鱼化石新成果，认为 *Kuntulunia longipterus* 和 *Tongxinichthys microdus* 在形态和演化水平上均比 *Lycoptera* 进步，其繁盛期晚于 *Lycoptera*；并认为以往李洼峡组及其以上层位所定的 *Lycoptera* 有关种可能有误。这是由于 *Kuntulunia* 与 *Lycoptera* 外形颇为相似，真正的 *Lycoptera* 只产于和尚铺组。由此看来，若能进一步证实刘、马二氏的看法，李洼峡组与和尚铺组间应存在一个重要的生物界面，为划分年代地层单位的重要依据，但当前这些鱼化石确切层位尚待进一步查明，我们只能暂将六盘山群时代笼统划归早白垩世。介形虫、叶肢介组合与鱼类化石同为热河动物群，属早白垩世。植物化石总体面貌较之早白垩世早期发生了明显变化，但仍保留着诸如 *Onychiopsis* sp.，*Zamiophyllum buchianum* 等早白垩世早期重要分子，这同我国北方各地早白垩世中晚期植物组合特征比较接近。总之，从六盘山群所含各门类化石组合特征来看，其时代应为早白垩世。

保安群在宁夏地表出露不佳，化石产地零星散布，且无相应剖面。宁夏及毗邻地区所发现的动、植物化石，主要有鱼类（产于泾川组）：*Huashia tungi*，*Sinamia* sp.；叶肢介（产于泾川组、环河组）：*Xibeiestheria pora*，*X. yanchiensis*，*X. ovata*，*Bairdestheria sinensis*，*Orthestheria* sp.；介形虫（产于泾川组、环河组）：*Lycopterocypris circutata*，*Cypridea* aff. *globra*，*Rhinocypris foveata*，*Latonia* sp.；植物（产于泾川组）：*Pterophyllum* sp.，*Pagiophyllum* sp.，*Equisetites* sp.，*Otozamites* sp.，*Zamiophyllum buchianum* 等。从上述动、植物化石总的面貌来看，虽不及六盘山群丰富多样，但基本面貌一致，故其时代属早白垩世。庙山湖组上部在贺兰山西麓塔塔水地区产介形虫：*Cypridea metacyproides*，*C. spongvosa*，*C.* (*Pseudocypridina*) sp.，*Metacypris sinensis*，*M. miaogouensis*，*Mongolianella* sp.，*Lycopterocypris* sp.，*Ziziphocypris costata*；英发沟剖面第7层产介形虫：*Cypridea* (*Cyamocypris*) spp.，*C.* (*Morinina*) cf. *depressa*；红崖子剖面上部产介形虫：*Cypridea acclinia*；轮藻：*Atopochara* sp.。以上介形虫以 *Cypridea* 一属发育最普遍，其中 *C. spongvosa*，*C. acclinia* 等及与之共生 *Ziziphocypris costata*，*Mongolianella* 属早白垩世分子，故庙山湖组时代亦为早白垩世。

综上所述，宁夏侏罗纪—白垩纪各岩石地层单位的时限，延安组、直罗组为中侏罗世；安定组可能为晚侏罗世；六盘山群、保安群和庙山湖组为早白垩世。由于六盘山群、保安群所产化石大多无确切层位，因而难以对其年代地层单位作进一步划分和对比，并研究它们的穿时性；从现存资料来看，在六盘山群的和尚铺组和李洼峡组间可能有一重要生物界面可用作进一步划分年代地层单位的依据。还需指出，窑山和香山南麓的延安组 *Coniopteris – Phoenicopsis* 植物组合中，含晚三叠世较古老分子（*Clathropteris meniscioides*，*Equisetites sarranii*，*Neocalamites carrerei* 等），故在以上两地延安组下部可能有部分时代为早侏罗世，值得今后进一步研究确定。

第七章
第三纪

宁夏的第三纪地层几乎遍及除贺兰山中—北段以外的广大地区（图 7－1），但以吴忠、盐池地区和中卫、中宁、同心及其以南地区最为发育。其岩石地层单元自上而下可划分为：

甘肃群（N*G*）

　干河沟组（N*g*）

　红柳沟组（N*h*）

———平行不整合———

固原群（E*G*）

　清水营组（E*q*）

　寺口子组（E*s*）

～～～～～ 不 整 合 ～～～～～

六盘山群（K*L*）/（或更老地层）

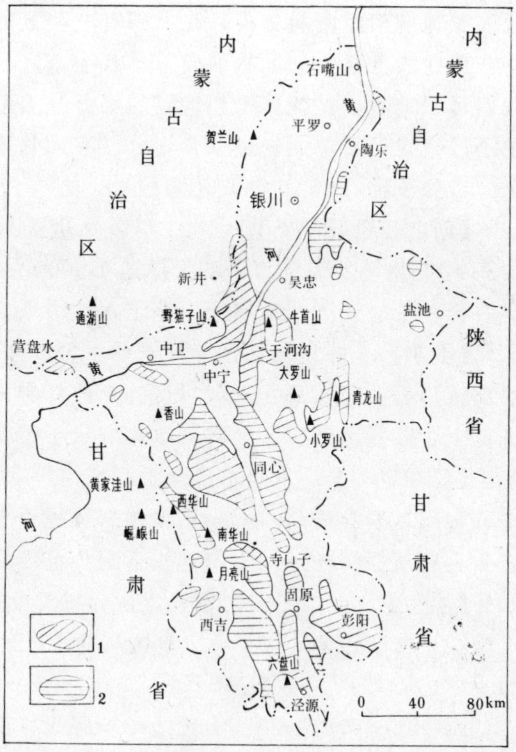

图 7－1　宁夏第三纪岩石地层露头分布图

1. 固原群；2. 甘肃群

第一节　岩石地层单位

固原群　E*G*　（64－0056）

【创名及原始定义】　1923 年安特生（J G Andersson）在宁夏固原寺口子，创名固原层。原始定义泛指“固原寺口子剖面出露之红色砂岩、红色页岩夹薄层石膏等，时代为始新统。”

【沿革】　杨钟健、卞美年（1937）将固原寺口子剖面下部称固原建造，上部称甘肃建造。关士聪、谢继哲等人（1957）在六盘山区石油普查时称固原系，自下而上分为红色砾岩层（$\mathrm{T}r\mathrm{K}^1$）、砖红色砂岩夹泥岩层（$\mathrm{T}r\mathrm{K}^2$）、石膏层（$\mathrm{T}r\mathrm{K}^3$）、橙红色泥岩层（$\mathrm{T}r\mathrm{K}^4$）、赭红色砂质泥岩层（$\mathrm{T}r\mathrm{K}^5$）。1956 年杨钟健、周明镇在灵武县清水营建立清水营层。1959 年石油部银川石油勘探局 125 队在总结以往资料基础上，将宁夏南部第三系下部划分为寺口子统（相当关士聪等 TrK^1—TrK^2）、清水营统（相当关士聪等 TrK^3—TrK^5）。至60年代宁夏区测队（1965）在固原、海原、同心地区进行1∶20万区调时，将宁夏南部下第三系自下而上划分为寺口子组、清水营组，以后这一方案为各方面采用（如宁夏区域地层表编写组，1980）。本次对比研究认为，恢复使用固原群一名，将其上述寺口子组、清水营组隶属本群，有利于西北东部第三系的对比和研究。

【现在定义】 本组下部以砖红、棕红色砾岩、砂砾岩、砂岩为主（寺口子组），上部为褐红、砖红色泥岩、粉砂岩夹灰绿色砂岩、泥岩、石膏层（清水营组）；与下伏六盘山群（或更老地层）呈不整合接触，与上覆甘肃群为平行不整合接触。

【层型】 正层型为固原三营乡寺口子剖面。

【地质特征及区域变化】 本群地质特征及区域延伸变化情况，见以后各组有关部分。值得提出的是，银川地层小区第三纪地层地表虽未出露，但据少数深钻井揭露，该区上覆以厚度达1 600 m的第四系，其下为一套浅棕—深棕色泥岩与浅灰、灰色细砂岩互层，厚度大于1 701 m（引自贺兰县杏堡子村附近银参三井），从岩石组合总的特征看，应属固原群上部；银川地层小区北部，银参一井（位于平罗县城附近）上部为第四系，下部见厚度大于2 000 m之棕红色砾岩夹砂岩、泥岩，是否属固原群，尚需今后更多的资料证实。不过从银川平原区若干人工地震剖面资料分析，在上部有一明显的地震反射面，基本与钻井揭露的第四系与第三系分界线吻合；由此反射面向下，直至基底（早古生代地层）无明显的地震反射界面，因而我们可以推断，在该区未经揭露的部分与当前钻井所见的一套地层，属固原群。至于银川地层小区组级地层单元的进一步划分、有无甘肃群分布等问题，目前尚无确切依据。

寺口子组 E*s* （64-0001）

【创名及原始定义】 1925年袁复礼据固原寺口子剖面创立寺口子系，原始定义为："指1923年安特生发表寺口子剖面厚达1 500 m之红色粗砂岩。互相间夹之红色页岩、砂岩及薄层石膏、灰岩，下伏地层为白垩纪六盘山系，二者为不整合关系。时代暂定为新第三系。"

【沿革】 自袁复礼创寺口子系一名以来，关士聪（1958）将其划分为 TrK^1—TrK^2，石油部银川石油勘探局125队（1959）改称寺口子统。之后，宁夏区测队（1965）在宁夏南部进行1∶20万区调时，又将其改称寺口子组，沿用至今。

【现在定义】 本组不整合于乃家河组（或更老地层）之上，由砖红、棕红色砾岩、砂砾岩、含砾砂岩和砂岩（上部夹粉砂岩和泥岩）组成的一套粗—中粒碎屑岩，部分地区顶部砂岩常含钙质假结核。与上覆清水营组为连续沉积。

【层型】 正层型为固原三营乡寺口子剖面（位于固原县三营镇西20 km之寺口子沟。起点坐标：105°59′，36°16′。宁夏区测队1962年重测）。

上覆地层：**清水营组** 紫红色泥质砂岩夹灰绿色泥岩、灰白色砂岩

——————— 整 合 ———————

寺口子组	总厚度 293.80 m
16. 桔红色巨厚层含钙质假结核含砾钙质细砂岩	26.80 m
15. 砖红色巨厚—块状中细粒砂岩	106.00 m
14. 砖红色巨厚层泥质长石质细砂岩，偶含石英小砾石	49.00 m
13. 砖红色中厚层泥质长石质细砂岩，偶含石英小砾石	92.00 m
12. 砖红色厚层泥质长石质细砂岩，含石英小砾石	19.00 m
11. 灰白色含砾砂岩	1.00 m

~~~~~~~~~~ 不整合 ~~~~~~~~~~

下伏地层：**乃家河组**　紫红色页岩

【地质特征及区域变化】　本组在宁夏主要分布于六盘山、南华山及香山—米钵山一带，向北未超过卫宁北山南缘，向东在大罗山—云雾山一线以西地区，约相当于东经106°20′以西、北纬37°30′以南的范围内。其岩层宏观色调以深红（砖红、紫红）色为主，由中—厚层砂岩、砾岩、砂砾岩组成，其粒（砾）度变化以分布区北部较粗（以砾岩占优势），南部寺口子、石岘子及南华山一带相对较细（以砂岩为主，砾岩相对不发育）。它不整合于乃家河组或更老地层之上，与上覆清水营组连续沉积；一般以大量砂岩、砂砾岩结束，始现大量红色泥岩夹粉砂岩、砂岩等作为二者分界。

本组正层型厚度293.8 m，以砖红色厚—巨厚层中细粒砂岩为主，发育大型板状斜层理，常含小砾石，顶部见钙质假结核。自寺口子向西至海原县南华山地区的马莲沟剖面厚度281.7 m，以砖红色中层细粒长石石英砂岩、岩屑石英砂岩为主，夹中—细砾岩。从寺口子向东北固原石岘子剖面，厚度69.3 m，下部为桔红色厚层砾岩，上部为红色中粒砂岩。在香山、米钵山南麓至大罗山、小罗山以西地区，本组下部以砖红（或称紫红）色砾岩、砂砾岩为主，砾岩中砾石大小不一，棱角—次棱角状，砾石成分多与所在地区下伏地层的岩性一致；上部为砖红、深红色砂岩夹砂砾岩，多发育板状斜层理。其厚度一般均在500 m以上，米钵山南麓剖面厚度达1 853.8 m。自上述地区向北至中宁大佛寺沟一带，其剖面厚度减至195.7 m，岩性以砖红色厚层砂砾岩为主，夹砾岩。

清水营组　E*q*　(64-0002)

【创名及原始定义】　1956年杨钟健、周明镇在灵武县清水营附近创立清水营层。原始定义为："灵武县清水营地区，含 *Baluchitherium grangeri* 等化石的浅灰绿色砂质灰土(夹石膏脉)。代表一个真正的地层单位——清水营层，时代为上渐新统。"

【沿革】　杨、周二氏创名之清水营层，属年代地层含意的地层单位。之后，石油部银川石油勘探局125队用清水营统一名代表宁夏南部—甘肃陇东一带之下第三系上部，并赋于一定岩石地层的含义。至60年代宁夏区测队在宁夏南部进行1∶20万区调时，将其改称清水营组，以后为各方面采用。唯《宁夏区域地质志》，从年代地层划分观点出发，将清水营组限定在中渐新世，其上部另建"贺家口子组"用以代表晚渐新世地层。本次对比研究过程中，经野外核查后认为，以往1∶20万区调中的清水营组是一个含义明确的岩石地层单位，应予采用，并将它隶属固原群上部。

【现在定义】　本组为连续沉积于寺口子组之上的一套褐红、砖红色泥岩、粉砂岩夹灰绿色砂岩、泥岩及石膏层。其上与红柳沟组为平行不整合接触。

【层型】　由于杨、周二氏建立清水营层时，未指定层型，今以马断头—丁家二沟剖面为选层型(位于同心县纪家乡马断头西北0.8 km。起点坐标：106°04′，37°10′。宁夏区调队1982年测制，陈景智、朱宝成1985年补测)。

上覆地层：**红柳沟组**　桔黄色砂质粘土

——————— 平行不整合 ———————

清水营组	总厚度　309.00 m
25. 灰绿色（含）石膏质泥岩夹浅褐色泥岩	39.40 m
24. （褐红色）含网脉状石膏粉砂质泥岩	72.30 m
~~~~~~~~~~

23. 灰绿色石膏岩夹浅褐灰色泥岩　41.60 m

22. 浅褐色含粉砂泥晶灰岩与浅灰色及灰绿色泥质石膏层互层　53.70 m

21. 浅褐红色泥质粉砂岩，含石膏碎片　102.00 m

——— 整　合 ———

下伏地层：**寺口子组**　浅褐红色含砾细砂岩

【地质特征及区域变化】　本组主要发育于宁夏南部地区，与下伏寺口子组连续沉积，岩性以褐红—紫红色泥岩、粉砂质泥岩、泥质粉砂岩、粉砂岩为主，夹灰绿色（灰白、蓝灰）泥岩、泥质粉砂岩、粉砂岩、砂岩和石膏。故在野外宏观色调上形成一套紫红（褐红、桔红）色夹灰绿、灰白色条带状外貌。一般情况下，灰绿色泥岩常与石膏层相伴生，则灰绿色泥岩是在本组找寻石膏的重要宏观标志。在宁夏东部灵武、盐池及至牛首山、贺兰山南段一线东北，大罗山、小罗山以东地区，本组直接不整合超覆于白垩系或更老地层之上，缺失寺口子组。

本组选层型厚度 309 m，下部浅褐红色泥质粉砂岩、含石膏碎片；上部为一套灰绿、褐红色泥岩、粉砂质泥岩不等厚互层。自马断头—丁家二沟剖面向南至固原石岘子剖面厚 266.2 m，以紫红色泥岩、砂质泥岩为主，夹灰白色石英砂岩、灰绿色泥岩和石膏层等。固原寺口子剖面厚增至 678.3 m，为紫红色泥质砂岩、粉砂岩夹紫红、灰绿、灰白色砂质泥岩、泥灰岩和石膏质泥岩等。海原南华山红沟梁剖面，厚度增至 725.4 m，为褐红、深砖红色粉砂质泥岩夹绿灰色粉砂质泥岩、泥岩及石膏层。海原衙门口剖面厚度 971 m，为浅紫红色泥岩、粉砂质泥岩为主，夹蓝灰色泥岩和石膏层。在宁夏东部灵武、盐池一带，本组产状平缓且出露不佳。在杨、周二氏命名地，灵武清水营龙骨梁未见顶底，仅测得厚度为 8.5 m 之紫红、砖红、桔红色泥岩、泥质粉砂岩夹灰白色石英砂岩等（宁夏地矿局，1990）。盐池茹河剖面，见本组直接不整合覆于保安群泾川组之上，未见顶，厚度大于 46.2 m，以桔红泥质粉砂岩、细砂岩为主夹灰绿—灰白色泥质砂岩和石膏、石膏质砂岩等。贺兰山南段山前丘陵区、青铜峡市西部、英发沟一带，本组直接不整合覆于庙山湖组之上，岩性以桔红色含石膏质砂岩为主，夹同色粉砂岩、泥岩。

甘肃群　*NG*　(64－0055)

【创名及原始定义】　杨钟健、卞美年（1937）在甘肃皋兰、永登和宁夏固原一带调查新生代地质时，创立甘肃建造一名。原始定义为：“由砾岩、紫红色砂岩和含石膏脉的红色粘土岩组成。自下而上分为长川子系、咸水河系、观音寺系和五泉山系，总厚度大于 1 500 m，其下伏为固原系，二者角度不整合接触。”

【沿革】　石油部银川石油勘探局 125 队（1959）在六盘山区进行石油普查时，将其所在地区上第三系称甘肃统。至 60 年代，宁夏区测队（1965）在固原、海原和同心地区进行 1∶20 万区调时，将其改称甘肃群，并进一步划分为上亚群、下亚群。70 年代，宁夏区调队在中卫幅 1∶20 万区调时，于牛首山西麓自下而上建立了红柳沟组、干河沟组，从岩石组合上大体分别相当前述甘肃群下亚群、上亚群。以后此划分方案得到广泛应用（宁夏区域地层表编写组，1980）。本次对比研究认为，在确立红柳沟组、干河沟组的基础上，启用甘肃群一名作为它们的高一级岩石地层单位，有利于西北东部地区晚第三纪地层的划分对比和今后的区调填图工作。

【现在定义】　本群平行不整合覆于固原群之上，下部为桔红、桔黄色粘质砂土、粘土夹灰白色长石石英砂岩、砂砾岩透镜体（红柳沟组），上部由灰色砂砾岩、灰白色石英砂岩（砂层)、土黄、土红色粉砂岩、砂质泥岩（粘土）组成（干河沟组)。

【层型】　本群选层型为甘肃永登野狐城—凤凰村剖面。

【地质特征及区域变化】　甘肃群与下伏固原群的划分标志，不仅二者间有明显的平行不整合面为界，其岩石组合特征亦有明显的差别，固原群自下而上基本为一由粗（砾岩、砂岩，寺口子组）变细（泥岩夹细砂岩，清水营组）的沉积旋回，其岩层色调较深，呈紫红、砖红、深红、褐红色；而甘肃群总的岩石组合有自下而上由细变粗之势，且胶结松散，岩层色调较浅，呈桔红、桔黄夹灰白色（红柳沟组）至土红、土黄、浅灰、灰白等色（干河沟组)。

红柳沟组　N*h*　(64－0003)

【创名及原始定义】　宁夏区调队（1975）于牛首山西麓中宁县白马乡红柳沟建立了红柳沟组。原始定义为：“平行不整合于清水营组之上的一套桔红（土红）—桔黄色粘质砂土、砂质粘土和灰白色长石石英砂岩，并常见砾岩、砂砾岩透镜体。其上与干河沟组为连续沉积。具介形虫、轮藻、脊椎动物化石。厚度 702.5 m。时代为中新世。”

【沿革】　本组在建立前，称甘肃群下亚群（宁夏区测队，1965)。自建立红柳沟组以后，该名为各方面采用，本次对比研究恢复使用甘肃群，并将红柳沟组隶属甘肃群下部。

【现在定义】　本组为平行不整合于清水营组之上的一套桔红（土红)、桔黄色粘质砂土、粘土（泥岩）夹灰白色长石石英砂岩、砂砾岩透镜体，向上粘质砂土、粘土（泥岩）渐增，偶夹浅灰色泥灰岩。其上与干河沟组为连续沉积。

【层型】　正层型为牛首山西麓中宁水道沟—干河沟剖面（位于中宁县白马乡东北 8 km 之红柳沟地区。起点坐标：105°58′，37°42′。宁夏区调队 1974 年测制)。

上覆地层：**干河沟组**　灰白色石英砂砾岩

——————　整　合　——————

红柳沟组	总厚度　702.50 m
46. 深土红色钙质粘土	13.80 m
45. 灰白、橙黄色含铁质中粒石英砂岩夹少量灰色砂砾岩	12.10 m
44. 土红色砂质粘土	12.10 m
43. 土黄—灰白色含泥质中细粒石英砂岩	24.30 m
42. 土红色砂质泥岩夹少量灰白色中粒石英砂岩	41.90 m
41. 灰、灰绿色粗粒石英砂岩夹砾岩透镜体	23.30 m
40. 土红色粘土，含少量石膏晶屑	5.10 m
39. 黄、灰白色含钙质不等粒长石石英砂岩夹砂砾岩透镜体。含介形虫：*Candona* sp.，*Paracandona* sp.，*Candoniella albicans*，*Ilyocypris* sp.；哺乳类：*Platybelodon* cf. *grangeri*；藻类：*Obtusochara* sp.　等	20.00 m
38. 土红色砂质粘土夹灰白色细粒石英砂岩	23.10 m
37. 灰、灰黄色细粒石英砂岩夹细粒钙质砾岩透镜体和土红色薄层砂质粘土	7.30 m
36. 土红色砂质粘土	7.10 m
35. 灰黄、灰白色中粒长石石英砂岩夹砾岩透镜体	16.30 m
34. 土红色砂质粘土	16.30 m
33. 土红砂质粘土夹灰色粗粒石英砂岩	18.20 m
32. 灰黄、灰白色细粒长石石英砂岩	6.40 m
31. 土红色砂质粘土夹灰绿色细砂岩条带。含介形虫：*Eucypris micida*，*Cyprinotus* sp.，*Limnocythere cinctura*；轮藻：*Amblyochara* sp.　等	11.50 m

30. 黄色含钙质细粒长石石英砂岩 12.30 m

29. 土红色砂质粘土 35.00 m

28. 灰白色中粒长石石英砂岩夹砾岩透镜体 22.50 m

27. 桔黄色粉砂岩。产哺乳类：*Listriodon* sp.，Gomphotheriidae indet.，*Platydelodon* sp.；爬行类：*Amyda* sp. 等 2.60 m

26. 灰—灰白色细粒长石石英砂岩 15.30 m

25. 土红色砂质粘土夹中细粒长石石英砂岩 18.50 m

24. 浅桔红色粉砂岩 7.10 m

23. 灰白色中细粒长石石英砂岩 11.80 m

22. 土红色砂质粘土 4.70 m

21. 灰色细粒长石石英砂岩 6.60 m

20. 土红色砂质粘土夹灰色粘土、灰白—灰绿色粉砂岩 25.90 m

19. 桔黄色中细粒长石石英砂岩 13.80 m

18. 灰白、黄色中粒长石石英砂岩夹砂质粘土 1.40 m

17. 灰白、黄色石英粗砂岩 4.70 m

16. 土红色砂质粘土夹灰绿色砂质粘土条带 15.80 m

15. 灰—灰白色中细粒长石石英砂岩 2.80 m

14. 土红色含砂质粘土 9.10 m

13. 桔黄色中细粒长石石英砂岩 12.80 m

12. 浅桔红色粘质砂土夹砂质粘土、灰绿色粉砂岩条带。含介形虫：*Cyprinotus* sp.；轮藻：*Carites* sp.，*C. molassica*，*C. sadler*，*Maedlerisphaera* sp.，*Gobichara* sp. 等 31.80 m

11. 灰白—黄色中粒长石石英砂岩，产哺乳类：Gomphotheriidae indet. 21.50 m

10. 浅桔红色粘质砂土 5.70 m

9. 灰白色中粒长石石英砂岩 1.40 m

8. 土红色砂质粘土夹粘质砂土和灰绿色砂岩条带 27.60 m

7. 浅桔红色粘质砂土夹中粒长石石英砂岩，产哺乳类：*Stephanocemas* sp. 12.70 m

6. 浅棕红色砂质粘土夹钙质粉砂岩、粘土、中粒长石石英砂岩，含介形虫：*Cyprinotus* sp. 48.30 m

5. 土红色含钙质砂质粘土夹粘质砂土、灰白色砂岩条带，含脊椎动物化石碎片 72.00 m

——————— 平行不整合 ———————

下伏地层：**清水营组** 桔红、深红色粘质砂土、砂质粘土，含石膏

【地质特征及区域变化】 本组平行不整合于清水营组之上，岩性为桔红、桔黄、浅褐红色泥岩（粘土）、砂质泥岩、砂质粘土（泥质粉砂岩）、粉砂岩夹灰白、灰绿色砂岩（砂层），上部偶见泥灰岩透镜体。其岩石松散，固结程度差，岩层宏观色调（桔红、桔黄）较下伏清水营组、寺口子组浅。

前述正层型厚度 702.5 m，下部为桔红色砂质粘土、粘质砂土夹灰白、灰黄色中—细粒长石石英砂岩，上部为桔黄、灰白色中—细粒长石石英砂岩夹土红、浅桔红、桔黄色粘质砂土、砂质粘土。自正层型向西南至同心八泉—金家梁剖面厚度 280.4 m，下部为灰黄色中粗粒砂岩（砂层）夹浅棕（褐红）色泥岩、粉砂岩；上部为土黄、褐红、桔红色粉砂岩、粉砂质泥岩、泥岩夹灰—青灰色中细粒长石石英砂岩（或砂层），近顶部见土黄色泥灰岩。固原寺口子剖面厚度 955.56 m，岩性以橙黄—土黄色含泥质钙质粉砂岩为主，夹少量灰绿、灰白色砂岩。海原南华山红沟梁剖面厚 819.9 m，岩性与寺口子剖面基本类似。在贺兰山南段山前丘陵区，岩性色调与红柳沟剖面类似，但其中下部常见砂砾岩透镜体，上部灰白色砂岩较少。

干河沟组　Ng　(64－0004)

【创名及原始定义】　系1975年宁夏区调队进行中卫幅1∶20万区调时建立，创名地在牛首山西麓中宁县白马乡之干河沟。原始定义为："整合于红柳沟组之上。以灰色砂砾岩、砾岩为主，夹灰白色石英砂岩、土黄色土红色砂质粘土或粘质砂土的一套碎屑岩和粘土质岩石，偶见泥灰岩夹层，顶部被第四系覆盖。厚度804.8 m。具轮藻和脊椎动物化石。时代为上新世。"

【沿革】　宁夏区测队（1965）在同心、海原、固原地区进行1∶20万区调时，曾划为甘肃群上亚群。在建立干河沟组之后，该名与前述红柳沟组一样得到广泛的应用。本次对比研究将其隶属于甘肃群上部。

【现在定义】　本组整合于红柳沟组之上，由灰色砂砾岩、灰白色石英砂岩（砂层）、土黄、土红、橙黄色粉砂岩、砂质泥岩（砂质粘土）组成的一套碎屑岩和粘土质岩石，偶含石膏或泥灰岩夹层，顶部被第四系覆盖。

【层型】　正层型为中宁水道沟—干河沟剖面（该剖面位置、测制单位和时间均同红柳沟组正层型）。

干河沟组	总厚度　＞804.80 m
90. 灰色、铁锈黄色砾岩（未见顶）	＞38.00 m
89. 土黄色粘质砂土	0.70 m
88. 灰色砂砾岩	32.20 m
87. 土红色粘质砂土	23.60 m
86. 灰色砂砾岩和灰白、橙黄色石英砂岩互层	40.60 m
85. 灰白色石英砂岩夹灰色砂砾岩	23.50 m
84. 土红色砂质粘土	15.40 m
83. 灰色砂砾岩和灰白色石英砂岩互层，夹土红色粉砂质砂土	22.80 m
82. 土黄、土红色砂质粘土	12.20 m
81. 灰色砾岩夹灰白色石英砂岩	9.40 m
80. 土红色钙质粘土	17.20 m
79. 灰白色含砾石英砂岩	35.50 m
78. 土红色粘质砂土	23.70 m
77. 灰白色含砾石英砂岩	18.40 m
76. 土红色粘质砂土	17.40 m
75. 灰色砂砾岩	36.60 m
74. 土红色粘质砂土	38.20 m
73. 灰色砂砾岩，顶部有2 m厚石英砂岩	26.50 m
72. 土红色粘质砂土	11.00 m
71. 灰白色石英砂岩	7.10 m
70. 浅土红色粘质砂土	14.10 m
69. 灰白色含砾石英砂岩	20.30 m
68. 浅土红色粘质砂土夹砂岩	10.40 m
67. 灰色砂砾岩	6.00 m
66. 灰白色含砾石英砂岩	6.70 m
65. 灰白色砂砾岩夹灰白色石英砂岩	3.70 m
64. 土红色钙质粘土	42.00 m

63.	灰白色石英砂岩	9.00 m
62.	土红色砂质粘土	6.00 m
61.	灰色砂砾岩	6.00 m
60.	灰白色石英砂岩	2.90 m
59.	灰色砂砾岩	8.80 m
58.	土黄色砂岩	1.00 m
57.	土红色粘质砂土	14.00 m
56.	灰色砂砾岩	6.60 m
55.	灰白色石英砂岩	13.10 m
54.	灰色砂砾岩夹薄层砂岩、石英砂岩，交错层理发育	30.90 m
53.	浅土红色粘质砂土	3.00 m
52.	灰白色石英砂岩夹灰色砂砾岩	27.30 m
51.	土红色钙质粘土	10.80 m
50.	灰色砂砾岩夹灰白色石英砂岩和土红色粘质砂土	52.00 m
49.	深土红色钙质粘土	14.30 m
48.	土红色粘质砂土夹灰白色石英砂岩	14.30 m
47.	灰色砂砾岩，底部夹灰白色石英砂岩，中部夹灰绿色薄层泥灰岩。石英砂岩中产哺乳动物：*Ninxiatherium longirhinus*，*Hipparion* sp.；灰色泥灰岩中含轮藻：*Tectochara meriani meriani*，*T. meriani huangi*，*T. meriani octospirae*，*T. meriani globula*，*T. zhui*，*T. maslovi*；介形虫：*Paracandona* sp.	31.60 m

——————— 整　合 ———————

下伏地层：**红柳沟组**　深土红色钙质粘土

【地质特征及区域变化】　本组岩层色调以土黄、土红、灰白色为主，岩层松散，固结程度差，由砂砾岩、砾岩和砂岩、粉砂岩夹泥岩（粘土）、砂质泥岩（砂质粘土）组成。与下伏红柳沟组的分界，一般情况下，当其岩层宏观色调由砖红、桔红等递变为灰、土黄、土红色调为主时，选择一层粗碎屑岩（砾岩、砂砾岩、砂岩）的底面，作为本组底界。

上述正层型厚度 804.8 m，其主体岩性为灰色砂、砾岩，夹土黄、土红色砂质粘土、粘质砂土、粘土等，底部夹少量泥灰岩薄层。向南至同心八泉—金家梁剖面仅见厚度 83.9 m 之灰白色砂岩、土红、土黄色泥质粉砂岩、粉砂质泥岩等。固原寺口子剖面厚度大于 633 m，岩性以橙黄—土黄含泥质钙质粉砂岩为主，夹含砾砂岩、砾岩、砂岩等，近底部见薄层石膏岩等。

第二节　年代地层单位及生物组合特征

宁夏第三纪年代地层的划分，依其各岩层中所产哺乳类化石并结合孢粉组合，自老到新可分为早第三纪始新世、渐新世和晚第三纪中新世。

在固原—同心一带分布的寺口子组，当前还未获化石。固原寺口子剖面，连续沉积于寺口子组之上的清水营组底部（相当前列剖面第 21 层下部）曾获孢粉组合 *Schizaeoisporites*，*Araucariacites*，*Cedripites*，*Ephedripites*，*E.*（*Distachyapites*）*fushunensis*，*E. trinata*，*Momipites coryloides*，*Lonicerapollis pachydermus*，*Sopindaceidites concarus* 等，鉴定者中国地质科学院孙秀玉、赵英娘认为其时代属始新世—渐新世。鉴于这一孢粉组合研究欠详，又缺乏动物化石验证，本次对比研究结合其他剖面清水营组上部所产的哺乳类化石，将该剖面底划归渐新统下部，下伏寺口子组推断为始新统。

清水营组在灵武清水营龙骨梁产哺乳类：*Cyclomylus lohensis*，*Baluchitherium grangeri*（该种现属名为 *Indricotherium*），*Archaeotherium ordosius*（杨钟健、周明镇，1956），可与蒙古国三达河动物群对比，时代属中渐新世①。海原南华山袁家窝窝剖面、红沟梁剖面近顶部产哺乳类，计有：*Desmatolagus gobiensis*，*D. pusillus*，*Ordolagus teilhardi*，*Tataromys plicidens*，*T. minor*，*T. sigmodon*，*Bounomys bohlini*，*B. ulantatalensis*，*Karakoromys* sp.，*Tsaganomys minutus*，*Cyclomylus* sp.，*Anomoemys lohiculus*，*Eucricetodon asiaticus*，*Parasminthus parvulus*，*P. tangingoli*，*P. asiaecentralis*，*Didymoconus* sp. 等（王伴月、闫志强等，1994）。王伴月等将其命名为袁家窝窝动物群，其时代属中渐新世，层位与蒙古国的三达河动物群、内蒙古阿拉善左旗的乌兰塔塔尔动物群均大体相当。又在同心贺家口子（同心县城西约 20 km），于本组下部（层位低于膏盐沉积）获得孢粉组合（孙素英，1982），其中以被子植物花粉占优势，次为裸子植物花粉，蕨类孢子极少。被子植物花粉中以 *Meliaceoidites* 含量最高，*Ulmipollenites*，*Salixipollenites* 等次之；裸子植物花粉中 *Ephedripites* 含量居首位。据这些特征，孙素英认为可与新疆库车地区的苏维依组下段、陕西白鹿原组上段所见孢粉组合相比较。本书作者认为，上述两个地区有关组经多门类化石验证，产孢粉组合层位的时代应为中渐新世或中晚渐新世，若认为它属早渐新世（宁夏地矿局，1990，p. 199）似欠妥。综上所述，宁夏南部的清水营组据脊椎动物化石确定时代为中渐新世。寺口子剖面已有孢粉组合资料，说明清水营组底部时代可能属早渐新世，这样当前我们将宁夏南部清水营组时限确定为早、中渐新世。至于宁夏东部灵武清水营以北和银川平原下部清水营组沉积的时限是否延到晚渐新世，尚待今后进一步研究。

平行不整合于清水营组之上的红柳沟组，产丰富的哺乳类化石，在海原南华山西北袁家窝窝剖面本组底部产：*Aprotodon* sp.，*Parasminthus* sp.，Indricotheriidae indet.，Rhinocerotidae indet. 等（王伴月、闫志强等，1994）。据王伴月等研究，这一哺乳动物群时代为早中新世。同心丁家二沟地区产哺乳动物化石，已发表的有：*Percrocuta primordialis*（邱占祥、叶捷等，1988），*Pliopithecus* sp.（邱占祥、关键，1986），*Platybelodon tongxinensis*（叶捷等，1986），*Kubanochoerus lantienensis*（邱占祥、叶捷、霍福臣，1988），*Bunolistriodon interimedius* 及 *Sansanosmilus*，*Gobiocyon*，*Hemicyon*，*Stephanocemas*，*Eotragus*，*Turcoceros* 等属。邱占祥等（1990）将该动物群划为我国代表性地方哺乳动物群之一，称丁家二沟地方哺乳动物群，时代属中中新世。红柳沟剖面下部第 7 层产 *Stephanocemas* sp.，第 27 层产 *Listriodon* sp.，*Platybelodon* sp.，第 39 层产 *Platybelodon* cf. *grangeri*，*Camdoniella albicans* 等哺乳类化石，其组合特征与上述丁家二沟动物群一致。综上所述，红柳沟组时限为早中新世—中中新世。应该指出，上述丁家二沟地区所产化石系无确切层位，但大体出自红柳沟组中—上部无多大疑问，又红柳沟剖面产 *Stephanocemas* 的层位之下本组尚有厚 120 m 未见化石，故我们目前尚不能排除同心丁家二沟—中宁红柳沟一带有早中新世地层存在的可能。

吴忠建材厂附近干河沟组产哺乳动物：*Hipparion weihoense*，*Tetralopodon* cf. *exoletus*，*Acerorhinus tsaidamensis*，*Qurliqnoria cheni*，这一动物群在我国晚第三纪地方哺乳动物群的排序上近似灞河地方哺乳动物群，时代为晚中新世早期（邱占祥等，1988，1990），干河沟剖面干河沟组底部所产 *Hipparion* sp.，*Ninxiatherium longirhinus* 等亦属上述哺乳动物群。故区

① 杨、周二氏原定三达河动物群时代为晚渐新世，后因三达河组所夹玄武岩同位素年龄值为 31.3～32 Ma，而将该动物群时代改归中渐新世（周明镇，1979）。

内干河沟组为晚中新世早期沉积。

综合上述，宁夏的第三纪各岩石地层单位的时限，固原群为早第三纪，其中寺口子组推测为始新世，清水营组为早渐新世—中渐新世。甘肃群为晚第三纪中新世，其中红柳沟组为早中新世—中中新世，干河沟组属晚中新世早期。干河沟组上部有无晚中新世晚期甚至上新世沉积，当前尚无确切证据。

第八章
结语

一、主要成果

通过对宁夏自本世纪20年代迄今地质文献、资料出现过的地层名称进行了系统的清理与研究，以《中国地层指南及中国地层指南说明书》、《国际地层指南》为准绳，依据全国统一布署，重新研究和划定了地层区划界线，确定了宁夏的岩石地层系统（中元古界—第三系），共采用68个岩石地层单位（其中9个群、58个组、1个段，包括新建4个组、1个段，详见附录Ⅱ）；对各类地层单位名称的出处、原始定义及演变历史（沿革），进行了清理与研究，共清理出同物异名7个、异物同名2个，68个地层单位名称被列为不采用地层名称（其中在本区创立的36个，详见附录Ⅲ）；对于所采用岩石地层单位，在现有资料基础上，通过野外核查，重新明确了岩石地层单位的定义（现在定义）、划分及延伸标准；确认27条剖面为有关组、段的正、副层型；选定40条剖面为选层型、次层型（其中选层型3条）；另清理出的一般剖面203条可供有关岩石地层单位进一步划分、对比研究参考。

在以上清理研究的基础上，对各岩石地层单位的生物组合特征及年代地层单位的划分进行了程度不同的讨论，特别是对黄旗口组、王全口组的时限，据本次清理工作所获得的同位素年龄值提出了时代属青白口纪的新认识；据已有的生物资料分别探讨了寒武纪、奥陶纪、石炭纪等有关岩石地层单位的跨时和穿时性；对区内第三纪各岩石地层单位所含哺乳类化石及其时代作了全面、系统、扼要的总结；据老君山组沉积特征及所含生物论述了它的沉积相，指出在宁夏该组为一套海陆交互相沉积，改变了以往认为这套地层为纯陆相地层的看法。为巩固以上成果，按建立全国地层数据库统一要求，以岩石地层单位为基础建立了宁夏地层数据库，它将使我区地层研究和清理走向现代化、信息化，为今后区域地质调查、基础地质研究工作打下了良好的基础。

二、宁夏岩石地层单位的分布及时空演化规律

宁夏地跨华北西缘地层分区和祁连-北秦岭地层分区，在地质构造位置上处于（华北）大陆与（祁连-北秦岭）造山带的过渡地带。通过本次清理与研究，对自中—晚元古代至第三纪各岩石地层单位的时间、空间分布状况及演化规律有了进一步认识。

在海原南华山—西华山一线及其以南地区（海原—西吉地层小区），海原群为一套巨厚层的轻变质地层；其下部原岩是基性火山岩为主的沉积（南华山组），中部则以碳酸盐岩为主体（园河组），上部则由一套粘土—半粘土质沉积岩夹基性火山岩组成（西华山组），均属祁连-北秦岭造山带初期的产物。

宁夏南部地层小区，包括香山、贺兰山南段及东部牛首山、大罗山、小罗山在内，出露最老的地层可能为晚寒武世的香山群，是一套巨厚、且不含火山岩的轻变质地层，属大陆边缘的深海—次深海沉积。奥陶纪初期，来自华北本部的海水 进入本区，形成了一套以碳酸盐岩为主体的马家沟组，属浅海碳酸盐潮坪沉积，其牙形石组合与华北地区基本一致。至早奥陶世大湾期末期—牯牛潭期初期，这里地壳强烈拉张，其拉张范围东到牛首山、大罗山，向北直抵贺兰山北段之小松山一带，形成了厚约 2 000 m 之米钵山组，为贺兰裂堑（张抗，1989）拉张期一套深海重力流沉积。照花井组、旱峡组为裂堑消亡后又 一次来自南部祁连区志留纪海侵的产物。志留纪以后造山作用，致使本区遭受长期剥蚀，直至中泥盆世晚期才有河湖相沉积的石峡沟组。晚泥盆世地壳又历经一次变动，沉积了老君山组，在这一时期沉积盆地东部牛首山、烟筒山一带其下部发育山麓堆积相—河湖相，上部则以海陆交互相为主；西部香山地区自下而上由海陆交互相组成，其海侵方向尚需进一步研究。石炭纪海侵始于岩关期，先后沉积了前黑山组、臭牛沟组、土坡组，海水自西南向东、向北渐进，形成的前黑山组、臭牛沟组、土坡组由南向北、由西向东依次超覆于早古生代地层之上，至东经 107°线左右以东（沿桌子山东坡—宁夏陶乐、盐池）地区为缺失以上三个组的南北向隆起区。晚石炭世末至早二叠世初，华北海侵向西推进与祁连海水连成一片，沉积了太原组，此时地势大体为东北低而西南高，至甘肃靖远地区则因地势抬升而缺失太原组。

在华北西缘地层分区，晚元古代地层以不整合覆于古老结晶基底之上，其黄旗口组、王全口组、正目观组三者呈平行不整合接触，代表晚元古代三个由南向北的海侵层序，其中正目观组为震旦纪末大冰期的产物。早寒武世沉积的辛集组、朱砂洞组分布于贺兰山苏峪口以南地区，沉积特征与晋冀豫地层区南缘基本一致。中寒武世海侵扩大至贺兰山北段，沉积了陶思沟组、胡鲁斯台组和阿不切亥组的中、下部地层等，所含生物组合与华北区一致，但其岩性组合特征则有别于华北本部，且沉积厚度较大。奥陶纪初期以碳酸盐岩为主的马家沟组连续沉积于阿不切亥组之上。至牯牛潭期初期，在贺兰山地层小区，连续沉积于马家沟组之上的为米钵山组（前已评述），而至桌子山-青龙山地层小区，覆于马家沟组之上的是克里摩里组、乌拉力克组、拉什仲组等，这套地层与下伏马家沟组所含牙形石的生物地理区明显不同，为华南牙形石动物群（即北大西洋型），且常伴有放射虫，属深水型沉积，而马家沟组则属典型的华北型牙形石动物群（即北美中大陆型）。故区内马家沟组在大湾期及其以前属广布的碳酸盐潮坪，而自大湾期末至牯牛潭期初期，由于贺兰裂堑的急剧拉张而发生了明显的分化，总的在鄂尔多斯地层分区西缘由稳定的碳酸盐潮坪沉积转化为大陆边缘次稳定—不稳定沉积，桌子山-青龙山地层小区的克里摩里组、乌拉力克组、拉什仲组等呈现大陆上斜坡沉积，贺兰山地层小区的米钵山组为大陆坡脚（或下斜坡）沉积。晚奥陶世海水退出本区，此后志留纪、泥盆纪及至早石炭世本区长期剥蚀。直至晚石炭世初期（纳缪尔期 B 期至维斯发期）来自祁连的海水方进入本区，沉积了土坡组。晚石炭世晚期至早二叠世初期，华北海水自东部进入本区与祁连海水汇合沉积了太原组。

晚二叠世至三叠纪各岩石地层单位的展布状况表明，在宁夏除西部中卫、同心、海原地区有大黄沟组、红泉组、五佛寺组等具有区域性外，其余地区有关岩石地层单位（如山西组、石盒子组、石千峰组、二马营组、白芨芨沟群等）与鄂尔多斯盆地及晋、冀、鲁、豫地区均基本一致，进入了一个统一发展的地质历史阶段，仅因宁夏地处这一广大沉积区西缘，其中—粗级碎屑岩较发育，特别是石千峰群及其连续覆于其上的二马营组、白芨芨沟群，砾岩、砂砾岩、大型斜层理的中—粗粒砂岩均占较大比例，呈现数套扇沉积物（筛积物、泥石流）-辫状河流-湖泊的沉积相组合，并在晚三叠世末有玄武岩喷发。

宁夏延安组、直罗组和安定组不整合于白芨芨沟群或更老地层之上，基本上属鄂尔多斯沉积盆地的一部分。早白垩世沉积盆地有了明显的变化，大体自灵武以东至同心青龙山—彭阳一带（约相当于东经106°30′—107°00′）为一近南北向的隆起带，此带以西，包括西吉月亮山、海原南华山、同心青山、窑山和六盘山广大地区为六盘山群分布区，下部（即三桥组—和尚铺组）为一套扇积物（筛积物、泥石流、片氾沉积）及以紫红色碎屑岩为主的辫状河流沉积，中—上部（李洼峡组、马东山组、乃家河组）属湖泊相（浅湖—深湖）沉积，发育浅灰、灰绿、蓝灰色泥岩、泥灰岩、灰岩夹油页岩、石膏等。而在前述南北向隆起带以东则为保安群，以扇积—河流相沉积为主体，其岩性为紫红色砾岩、砂砾岩、砂岩、粉砂岩夹紫红色泥岩、灰—灰绿色泥岩、泥灰岩，氧化作用强烈。庙山湖组围绕贺兰山山麓分布，系山前坳陷沉积，为山麓堆积—扇积物—河流—湖泊（浅湖）相沉积。作者认为以上两群目前还难以在层位上作确切的对比。

第三纪地层以宁夏南部发育最全，这一带最下部为寺口子组；至贺兰山南段牛首山、吴忠一带，清水营组直接不整合覆于前新生代地层之上，故第三纪沉积盆地是自宁夏南部逐渐向北扩展的。

三、存在问题及下一步工作建议

（1）本次岩石地层单位的清理与研究未包括太古宙、早元古代及第四纪地层，建议今后适当时候应对此进行清理与研究，特别是第四系在宁夏分布广泛，对人类生产和生活环境关系密切，且有一定工作基础，应从速进行。

（2）对已清理研究的某些岩石地层单位尚需对它的地层层序、时代做进一步的对比、研究，必要时应在1∶5万区调工作的基础上，开展专题研究，如：香山群、米钵山组等。

（3）今后应加强生物地层和年代地层单位的划分、研究，建议今后在开展1∶5万区调工作时，应针对各图幅的实际情况，对生物地层和年代地层划分提出具体要求，以逐步提高我区地质研究程度。

（4）据这次岩石地层单位清理研究成果，结合国民经济建设的需求，扩大1∶5万区调服务领域，有必要进一步修订今后1∶5万区域地质调查规划。作者认为在宁夏应较系统开展北纬38°以南、东经106°—107°范围的1∶5万区域地质调查工作。这是因为：①沿青龙山、罗山至固原以东、彭阳一带，为我国中部地区重要的南北向构造带，这里中—晚元古代、早古生代及至中生代有关岩石地层单位的时、空关系变化复杂，有待进一步查明；②这一地区除煤、石油能源矿产外，尚有冶镁、熔剂白云岩及石灰岩、石英岩、石膏、铜、铅等矿产尚需开发利用；③随着宝鸡至中卫铁路的建成，与之有关的环境地质、旅游地质和城市地质调查工作亦需相应开展。

参 考 文 献

安特生ＪＧ，1923，中国北部之新生界。袁复礼节译，地质专报，甲种（3）：143—144。

安特生ＪＧ，1925，甘肃地质简报。中国地质学会志，4（1）：15—18。

安太庠、郑昭昌，1990，鄂尔多斯周缘的牙形石。北京：科学出版社。

边兆祥，1954，宁夏的南山系。地质知识，4。

蔡凯蒂，1993，甘肃的三叠系。甘肃地质学报（增刊），50—98。

陈晋镳，1994，论叠层石的地层学意义。甘肃地质学报，3（1）：1—10。

丁培民，1960，贺兰山含煤区。地质学报，40（1）：89—109。

杜恒俭，1950，宁夏贺兰山早期中寒武纪三叶虫之发现。地质论评，15（1—3）：92—93。

高联达，1980，甘肃靖远下石炭统前黑山组孢子组合和它的时代。中国地质科学院院报地质研究所分刊。北京：地质出版社。

葛梅钰、郑昭昌、李玉珍，1990，宁夏及其邻近地区奥陶纪、志留纪笔石地层及笔石群。南京：南京大学出版社。

葛利普ＡＷ，1922，中国北部奥陶纪动物化石。中国古生物志，乙种1（1）。

关士聪、车树政，1955，内蒙古伊克昭盟桌子山区域地层系统。地质学报，35（2）：95—108。

关士聪、谢继哲、夏希蒙、张瑞翔，1957，甘肃六盘山区域石油地质普查简介。北京：地质出版社。

郭勇岭、甘克文，1958，甘肃中宁附近志留系的发现。科学通报（3）。

顾其昌，1982，贺兰山晚前寒武系冰碛层。地层学杂志，6（2）：156—157。

顾知微，1962，中国的侏罗系，全国地层会议学术报告汇编。北京：科学出版社。

赫德伯格ＨＤ，1976，国际地层指南。张守信译，1979。北京：科学出版社。

霍福臣、郑昭昌，1988，宁夏海原地区海原群的时代与对比。地质论评，34（1）：1—9。

霍福臣、曹景轩、顾其昌、赵修祜、吴秀元、周祖仁，1987，宁夏纳缪尔期地层。宁夏地质矿产局、南京地质古生物研究所编，宁夏纳缪尔期地层和古生物。南京：南京大学出版社。

霍福臣、潘行适、尤国林、郑昭昌等，1989，宁夏地质概论。北京：科学出版社。

胡敏，1946，关于甘肃第三纪几个问题之商榷。地质论评，11（3—4）：215—222。

赖才根，1982，中国地层（5）中国的奥陶系。北京：地质出版社。

李康、钟富道，1960，祁连山路线地质（XIV）中宁—中卫一带。见：中国科学院地质所、中国科学院兰州地质室、北京地质学院，祁连山地质志第一卷。北京：科学出版社。

刘宪亭，1963，华北的狼鳍鱼化石。中国科学院古脊椎与古人类研究所专刊，甲种，第六号。北京：科学出版社。

刘宪亭、马凤珍、刘智成，1985，昆都仑鱼（*Kuntulunia*）在陕甘宁盆地的发现及其地质意义。古脊椎动物学报，23（4）：255—263。

刘志才、张遴信，1992，宁夏的䗴。古生物学报，31（4）：423—444。

刘志才、郑昭昌、杨逢清、张泓等，1983，宁夏中卫校育川的纳缪尔期地层剖面。地层学杂志，7（2）：148—152。

李星学，1964，中国晚古生代陆相地层，全国地层会议学术报告汇编。北京：科学出版社。

李星学、姚兆奇、蔡重阳、吴秀元，1974，甘肃靖远石炭纪生物地层。中国科学院南京地质古生物研究所集刊，第5号。

卢衍豪，1954，西北寒武奥陶纪地层问题。地质学报，34（3）：311—318。

卢衍豪，1962，中国的寒武系，全国地层会议学术报告汇编。北京：科学出版社。

马凤珍，1980，宁夏狼鳍鱼科一新属。古脊椎动物与古人类，18（4）：286—295。
马其鸿、童建平、吴向午、包金玉，1986，贺兰山缺台沟－汝箕沟地区的延安组。地层学杂志，10（4）：311—314。
宁夏回族自治区地质矿产局，1990，宁夏回族自治区区域地质志。北京：地质出版社。
宁夏回族自治区区域地层表编写组，1980，西北地区区域地层表·宁夏回族自治区分册。北京：地质出版社。
潘江、霍福臣、曹景轩、顾其昌、刘时雨等，1987，宁夏陆相泥盆系及其生物群。北京：地质出版社。
潘钟祥，1934，陕北油田页岩地质。中央地质调查所地质汇报，24号。
邱占祥、关键，1986，宁夏同心发现的一颗上猿牙齿。古人类学报，5（3）。
邱占祥、邱铸鼎，1990，中国晚第三纪地方哺乳类动物群的排序及其分期。地层学杂志，14（4）：241—260。
邱占祥、叶捷、曹景轩，1988，宁夏同心 *Percrocuta* 一新种。古脊椎动物学报，26（2）：116—127。
邱占祥、叶捷、霍福臣，1988，记宁夏同心发现的库班猪头骨化石。古脊椎动物学报，26（1）：1—19。
邱占祥、叶捷、姜元吉，1987，宁夏吴忠几种灞河期的哺乳动物化石。古脊椎动物学报，25（1）：46—56。
全国地层委员会，1982，中国地层指南及中国地层指南说明书。北京：科学出版社。
沈光隆、吴秀元、李克定，1993，北祁连地区石炭-二叠系界线问题。甘肃地质学报，2（2）：1—14。
沈纪祥，1959，祁连山北麓老君山砾岩的时代问题。地质论评，19（5）：220—222。
斯行健，1954，宁夏上泥盆纪鳞木状植物的发现和讨论。古生物学报，2（2）。
斯行健、李星学，1945，宁夏古生代植物。中国地质学会志，25：227—260。
斯行健、李星学，1956，甘肃中宁县中石炭纪植物群。古生物学报，4（2）。
斯行健、周志炎，1962，中国中生代陆相地层，全国地层会议学术报告汇编。北京：科学出版社。
孙素英，1982，宁夏同心地区渐新世孢粉组合。中国地质科学院地质研究所所刊，第四号。北京：地质出版社。
孙健初，1936，黄河上游及南山区地层。中国地质学会志，15（1）：75—86。
天津地质矿产研究所等，1979，蓟县震旦亚界叠层石的研究。北京：地质出版社。
王伴月、阎志强、陆彦俊、陈国新，1994，宁夏海原两个中期哺乳动物群的发现。古脊椎动物学报，32（4）：285—296。
魏家庸、卢重明、徐怀艾、李玉发、曹建科等，1991，沉积岩区1∶5万区域地质填图方法指南。武汉：中国地质大学出版社。
吴秀元、李星学、沈光隆、梁希洛等，1987，甘肃靖远石炭系研究新进展。地层学杂志，11（3）：163—179
吴秀元、赵修祜，1987，宁夏纳缪尔期植物。宁夏地质矿产局、南京地质古生物研究所编，宁夏纳缪尔期地层和古生物。南京：南京大学出版社。
西安地质矿产研究所，1982，西北地质古生物图册·陕甘宁分册（一）。北京：地质出版社。
西安地质矿产研究所前寒武纪组，1978，宁夏贺兰山的震旦亚界。西北地质科技情报，（5）。
项礼文、李善姬、南润善、郭振明、杨家騄等，1981，中国地层（4）中国的寒武系。北京：地质出版社。
谢家荣，1924，甘肃北部地形地质简报。科学，9（10）。
徐嘉炜，1958，华北南部寒武系下限问题。地质论评，18（1）：41—56。
杨钟健、卞美年，1937，甘肃中部皋兰永登地区新生代地质。中国地质学会杂志，16（1）：221—260。
杨钟健、周明镇，1956，甘肃灵武渐新世哺乳类动物化石。古生物学报，4（4）。
阎志强，1994，宁夏海原地区的元古宇。地层学杂志，18（1）：30—38。
叶捷、贾航，1986，宁夏同心中新世铲齿象化石，古脊椎动物学报，24（2）：139—151。
尹赞勋、陈锦石、张守信、骆金锭、谢翠华，1966，中国地层典（七）石炭系。北京：科学出版社。
袁复礼，1925，甘肃东部地质简报。中国地质学会志，4（1）：21—28。
俞建章、林英铴，1978，中国丰宁世地层概况及珊瑚群特征。地质学报，52（3）：222—230。
张抗，1989，鄂尔多斯断块构造和资源。西安：陕西科学技术出版社。
张韬等，1993，大型湖泊三角洲与聚煤作用。北京：地质出版社。

张文堂，1979，华北南部及西南部早寒武世猴家山组的三叶虫。古生物学报，18（6）：513—526。
张文堂，1964，中国的奥陶系，全国地层会议学术报告汇编。北京：科学出版社。
中国地质科学院，1982，中国地层（1）中国地层概论。北京：地质出版社。
中国地质科学院地质研究所，1980，陕甘宁盆地中生代地层古生物（上册）。北京：地质出版社。
中国科学院地质研究所等，1956，中国区域地层表（草案）。北京：科学出版社。
周明镇，1979，中国的古脊椎动物学研究。古脊椎动物与古人类，17（4）。
周维屏、陈克强、简人初、田玉莹，1993，1：50 000区调地质填图新方法。武汉：中国地质大学出版社。
周志强、郑昭昌，1976，贺兰山的寒武系。西北地质科技情报，（1）。
周志炎、李佩娟，1980，从古生物学观点讨论中国中生代陆相地层的划分、对比和时代。国际交流地质学术论文集（4）。北京：地质出版社。
赵修祜、吴秀元、顾其昌，1986，宁夏南部晚泥盆世植物群，古生物学报，25（5）。
Halle T G，1927，山西中部古生代植物化石。中国古生物志，甲种，2号，1册，1—3、1—316。
Fuller M L，Clapp F G. 1926. Formations of the North Shensi basin，China. Journal of geology. Chicago，vol. XXXIV，Number 5，p. 434—440.
Laveine J P. 1967. Contribution a letude de la flore du terrain houiller，Les Neuropterides du Nord de la France，Et. geol.，Atlas Topogr，Souterr，1（5）：p. 344.
Laveine J P，Lemoigne Y，Huo Fuchen，Cao Jingxuan，Liu Zhang Shanzhen. 1992. The Carboniferous flora of the Zhongning District，Ningxia region，North China. Revue depal obiologie，Volume special（6）：p. 1—93.

地质图说明书及区测报告

①甘肃地质局区域地质测量队，1973，J-48-XXⅦ（景泰）幅1:20万区域地质测量报告。
②甘肃地质局区域地质调查队，1977，J-48-XXⅠ（白墩子）幅1:20万区域地质调查报告。
③宁夏地质局区域地质调查队，1978，J-48-XⅥ（巴伦别立）幅1:20万区域地质调查报告。
④宁夏地质局区域地质调查队，1980，J-48-Ⅴ（乌海市）幅1:20万区域地质调查报告。
⑤宁夏地质局区域地质调查队，1982，J-48-Ⅺ（石嘴山市）幅1:20万区域地质调查报告。
⑥宁夏地质局区域地质调查队，1982，J-48-Ⅹ（阿拉善左旗）幅1:20万区域地质调查报告。
⑦宁夏地质矿产局区域地质调查队，1983，J-48-XⅦ（银川市）幅1:20万区域地质调查报告。
⑧宁夏地质矿产局区域地质调查队，1985，J-48-XXⅣ（盐池）幅1:20万区域地质调查报告。
⑨宁夏地质矿产局区域地质调查队，1985，J-48-XXⅢ（吴忠）幅1:20万区域地质调查报告。
⑩宁夏地质矿产局区域地质调查队，1985，J-48-XXⅪ（下马关）幅1:20万区域地质调查报告。
⑪宁夏计委地质局区域地质调查队，1976，J-48-XXⅡ（中卫）幅1:20万区域地质调查报告。
⑫宁夏综合地质大队，1965，J-48-XXⅧ（同心）幅1:20万区域地质测量报告。
⑬宁夏综合地质大队，1965，J-48-XXXⅤ（固原）幅1:20万区域地质测量报告。
⑭宁夏综合地质大队，1965，J-48-XXXⅣ（海原）幅1:20万区域地质测量报告。
⑮西北地质科学研究所，1964，J-48（兰州）幅1:100万区域地质测量报告（说明书）。

附录Ⅰ　宁夏回族自治区岩石地层数据库的建库情况及功能介绍

一、前　言

岩石地层数据库的研制和建库工作是随地矿部“八五”期间设立“全国地层多重划分对比研究”项目同时开展的，其指导思想和研究内容与全国地层清理工作的有关文件要求基本一致，建立地层数据库的目的就是要为全国区域地质调查和基础地质研究工作服务，巩固地层清理的成果，避免今后使用地层单位的混乱现象，使我国地层研究和管理走向科学化、信息化，并与国际地层学研究工作接轨。

省（区）级地层数据库是地矿部专项地勘科技项目（编号：DZ1992-01）“全国地层数据库”的一个重要组成部分，它既是全国地层数据库的一个基本子库，同时又是一个独立、完整的省（区）级地层数据库。

省（区）级数据库按照全国地层数据库的统一要求，以岩石地层单位为基本单元建库的，以全国地层清理项目办统一制定的五张地层剖面数据卡片为数据采集源。其数据采集、数据库信息管理、检索及查询软件是以“全国地层数据库”项目组提供的软件和标准进行的。有关全国地层数据库的概况，请参见《全国地层数据库》专题报告。

二、地层数据库的建库情况

1.组织管理

负责建立本省（区）地层数据库的单位是：宁夏地质矿产勘察院（原宁夏地质矿产局区域地质调查队）。

使用的机型：AST Premium/286、COMPAQ Prolinea4/50主机、AR-3240打印机。

本省（区）地层数据库建库人员：范晋安、沈玉玲。

填卡人员有：顾其昌、沈玉玲、陈金荣、刘国云、王士政、陈景智、杨自恒、张宇、曹炜华。

本省（区）地层数据库数据卡片审核校对人员名单：除上述填卡人员校对外，由顾其昌、沈玉玲、范晋安统一审核校对。

2.工作过程

1993年5月全面进入地层数据的建库工作，卡片录入工作终于1994年4月。

3.完成录入工作量

68个建议使用的岩石地层单位，其中：群级9个，组级58个（新建4个），段级1个（新建1个）。

各断代（纪）地层单位数：Pt_{2-3}：7；　∈：10；　O：7；　S：2；　D：2；　C—P：11；　T：7；　J：3；　K：13；　E：3；　N：3。

270条剖面（其中：25条正层型；2条副层型；3条选层型；37条次层型）。

36个建议不采用的地层单位。

累计打印输出：102张封面，102张卡片Ⅰ，58张卡片Ⅱ，58张卡片Ⅲ（剖面分布图），349张卡片Ⅳ（文字描述表格），270张卡片Ⅳ（柱状图），102张卡片Ⅴ。

4.提交数据磁盘

占用外存空间约2兆，分放2张1.2M软盘（5.25inch）。

三、地层数据库功能介绍

地层数据库主要由三部分组成。（1）数据采集系统：包括对原始数据的录入、编辑、查错及地层信息检索、数据库字典查询、文献检索、地层单位数据文件管理等功能；（2）数据处理系统：包括地层卡片的输出、地层数据库各类信息的查询检索及汇总制表、岩石地层单位的监控等功能；（3）扩充部分接口，为地层数据库以后的进一步开发留有接口。

1.系统运行环境

（1）DOS版本

软件支撑环境：DOS 3.30以上；Microsoft C 6.0；PTDOS 2.0；FoxPro 2.0

硬件运行环境：286以上主机；VGA显示器；LQ-1600K或其他24针打印机

(2) Windows 版本

软件支撑环境：Windows 3.1；Borland C++ 3.1；中文之星 1.2；Foxpro for Windows 2.5；MS-DOS 5.0以上

硬件运行环境： 386、486主机（内存≥4M，硬盘≥100M）；VGA 显示器；LQ-1600K 或其他24针打印机

2.数据采集模块功能

(1) 选择"省份"、"地层单位"

(2) 地层单位数据录入情况查询

(3) 卡片Ⅰ数据录入与修改（可选择按编号、创名时间、汉语拼音等顺序）

(4) 卡片Ⅱ数据录入与修改

(5) 卡片Ⅲ数据录入与修改

(6) 卡片Ⅳ剖面信息数据录入与修改

(7) 卡片Ⅳ剖面文字描述数据录入与修改

(8) 卡片Ⅳ柱状图数据录入与修改

(9) 卡片Ⅳ化石数据录入与修改

(10) 卡片Ⅳ分布特征数据录入与修改

(11) 卡片Ⅳ数据检查整理

(12) 卡片Ⅴ数据录入与修改

(13) 地层单位数据文件备份

(14) 地层单位数据文件入库

(15) 地层单位数据文件转换

(16) 省（区）级库数据检索

(17) 数据库字典查询

(18) 省（区）级文献库查询与修改

3.卡片输出模块功能

(1) 选择省份

(2) 选择输出的地层单位

(3) 卡片封面输出

(4) 卡片Ⅰ输出：屏幕或打印机输出卡片Ⅰ

(5) 卡片Ⅱ输出（图形）

(6) 卡片Ⅲ柱状对比图输出（图形）

(7) 卡片Ⅲ岩石地层单位分布图输出

可选择绘制地名级别（在地理底图上将标出地名）：1——省会；2——地市以上；3——县级以上

可选择绘制图框类型：1——经纬框（地理底图上加画经纬框）；2——方框（地理底图上只画图框）；3——不加框（地理底图上不画图框）

图中各剖面的分布位置采用不同的符号表示其层型：三角形代表参考剖面、方形代表新层型剖面、方形中央的"+"代表正层型、"-"代表副层型、"×"代表选层型

(8) 卡片Ⅳ剖面文字描述表格输出

(9) 卡片Ⅳ剖面图输出（图形）

(10) 卡片Ⅴ输出

4.地层信息检索模块功能

4.1 检索条件（一级）

(1) 选择省份——选择检索的区域范围

(2) 选择大区——选择检索的区域范围

(3) 选择经纬度——选择检索的区域范围

(4) 选择断代（纪）——选择检索的时间范围

(5) 地质年代数码转换——地质年代数据进行数码转换，是进行时间范围检索的必要条件

(6) 输出方式选择

1——显示方式：将检索结果显示在屏幕上

2——打印方式：将检索结果在打印机上输出

3——文件方式：将检索结果表格文件以用户给定的文件名记盘

(7) 输出栏目选择

1——地层单位表格

2——地层剖面表格

3——文献表格

选择以上表格的输出栏目，依使用者的要求挑选所需的制表栏目序号，及表格每页的行数。

4.2 地层单位信息检索（二级检索条件）

(1) 所有地层单位：检索出满足选定时间和区域条件的地层单位

(2) 正式地层单位：检索出满足选定时间和区域条件的正式地层单位

(3) 废弃地层单位：检索出满足选定时间和区域条件的废弃地层单位

(4) 地层单位名称：检索出与指定地层单位名称相同的地层单位

(5) 地层单位名称（拼音）：检索出与指定拼音相同的地层单位

(6) 地层单位编号：检索出与指定地层单位编号相同的地层单位

(7) 地层单位代号：检索出与指定地层单位代号相同的地层单位

(8) 同物异名：检索出与指定名称相同的同物异名地层单位

(9) 同名异物：检索出与指定名称相同的同名异物地层单位

(10) 同物异名/同名异物：检索出有同物异名或同名异物的地层单位

(11) 输出剖面分布图：输出当前检索内容的地层单位的剖面分布图

4.3 剖面信息检索（二级检索条件）

(1) 所有剖面：检索出满足选定时间和区域条件的地层剖面

(2) 所有正层型：检索出满足选定时间和区域条件的正层型

(3) 所有副层型：检索出满足选定时间和区域条件的副层型

(4) 所有选层型：检索出满足选定时间和区域条件的选层型

(5) 所有新层型：检索出满足选定时间和区域条件的新层型

(6) 所有次层型：检索出满足选定时间和区域条件的次层型

(7) 剖面名称：检索出与指定剖面名称相同的地层剖面

(8) 剖面编号：检索出与指定剖面编号相同的地层剖面

(9) 剖面化石名称（中文）：检索剖面上化石分类的中文名称

(10) 剖面其他信息：检索剖面图上已录入的下列信息：

化石(拉丁文)：检索指定化石名称所在的剖面

生物地层带：检索指定生物地层带所在的剖面

颜　　色：检索含有指定颜色的剖面

磁 极 性：检索含有磁极性内容的所有剖面

化学特征：检索含有化学特征内容的所有剖面

矿　　物：检索含有矿物内容的所有剖面

矿　　产：检索含有矿产内容的所有剖面

变 质 相：检索含有变质相内容的所有剖面

（注意：不对文字描述的内容进行检索）

(11) 某地层单位正层型：检索出指定地层单位的正层型

(12) 输出剖面分布图：输出当前检索内容的剖面分布图

4.4 参考文献目录检索（二级检索条件）

(1) 作者：按指定作者检索文献目录

(2) 时间：按指定发表时间检索文献目录

(3) 书名（论文题目）：按指定书名检索文献目录

(4) 作者＋时间：按指定作者及发表时间检索文献目录

(5) 断代（纪）：按选定的地质年代范围，检索有关地层单位所涉及的文献目录

(6) 某地层单位文献：按地层单位检索文献目录

(7) 文献引用情况：指定某一文献所在的省码及文献库的记录号，检索该文献在本省（区）的引用情况（创名或引用）

5.地层单位监控模块功能

对新建地层单位进行命名监控

(1) 同名的监控：检索出与指定地层单位名称相同的地层单位

(2) 同音的监控：检索出与指定地层单位名称（拼音）相同的地层单位

(3) 同编号的监控：检索出与指定地层单位名称相同的地层单位

(4) 同代号的监控：检索出与指定地层单位名称相同的地层单位

(5) 有效性的监控：检索出与新建地层单位的经纬度邻近的剖面，供科研人员进行对比研究。

四、地层数据库的维护与功能扩充

1.数据库的维护

省（区）级数据库是全国地层数据库的基础，随着地质工作的深入，必须对地层数据库进行扩充与维护，并及时与全国库进行信息交流，以保证省库与全国库的数据一致性。

今后负责管理维护地层数据库的单位：宁夏地质矿产勘察院。

2.功能扩充

地层数据库的建立，是逐步实现地层学研究和地层单位划分的建立、命名、定义、修订及废弃等管理的规范化、现代化。有待开发的功能：

Ⅲ卡柱状对比图的位置应按实际距离按一定比例置放；顶、底连线应去掉；当一柱子未见顶或底时，其组间的连线应悬空；柱状图相对位置能视具体情况移动。

附录Ⅱ　宁夏回族自治区采用的岩石地层单位名称表

附录Ⅱ-1

序号	岩石地层单位名称		编号	代号	地质时代	创名人	创建时间	所在省(区)	在本书页数
	英　文	汉　文							
1	Abuqiehai Fm	**阿不切亥组	64-0018	∈O*a*	$\in_2$—O_1	关士聪、车树政	1955	内蒙古	22
2	Anding Fm	**安定组	64-0035	J*a*	J_2	M L Fuller F G Clapp	1926	陕　西	89
3	Baijijigou Gr	* 白芨芨沟群	64-0053	T*B*	T_3	西安地质学院区域地质调查队	1992	宁　夏	73
4	Bao'an Gr	**保安群	64-0054	K*B*	K_1	潘钟祥	1934	陕　西	96
5	Beiguoshan Fm	**背锅山组	64-0067	O*b*	O_3	车福鑫	1963	陕　西	39
6	Chouniugou Fm	**臭牛沟组	64-0044	C*ĉ*	C_1—C_2	袁复礼	1925	甘　肃	58
7	Dafenggou Fm	* 大风沟组	64-0050	T*d*	T_3	西安地质学院区域地质调查队	1992	宁　夏	73
8	Dahuanggou Fm	**大黄沟组	64-0064	P*d*	P_1	孙健初	1936	甘　肃	63
9	Ermaying Fm	**二马营组	64-0039	T*e*	T_2	中国科学院山西地层队刘鸿允等	1959	山　西	71
10	Ganhegou Fm	* 干河沟组	64-0004	N*g*	N_1	宁夏区调队	1975	宁　夏	111
11	Gansu Gr	**甘肃群	64-0055	N*G*	N	杨钟健、卞美年	1937	甘　肃	108
12	Guyuan Gr	* 固原群	64-0056	E*G*	E	J G Andersson	1923	宁　夏	105
13	Haiyuan Gr	* 海原群	64-0032	Jx*H*	Jx	宁夏区测队	1965	宁　夏	6
14	Hanxia Fm	旱峡组	64-0049	S*h*	S_3	王尚文	1945	甘　肃	49
15	Heshanggou Fm	* 和尚沟组	64-0042	T*h*	T_1	刘鸿允等	1959	山　西	70
16	Heshangpu Fm	* 和尚铺组	64-0028	K*h*	K_1	石油部银川石油勘探局125队	1959	宁　夏	92
17	Hongliugou Fm	* 红柳沟组	64-0003	N*h*	N_1	宁夏区调队	1975	宁　夏	109
18	Hongquan Fm	红泉组	64-0066	P*h*	P_2	梁建德	1977	甘　肃	64
19	Huanghejing Mem	▲ 黄河井段	64-0065	$\in^h$	$\in_3$	宁夏地质矿产勘察院	1991	宁　夏	28
20	Huangqikou Fm	* 黄旗口组	64-0008	Qn*h*	Qn	宁夏区调队三分队	1978	宁　夏	10

①创名人栏（　）内为介绍人；创建时间（　）内为介绍时间。

②“*”者为宁夏创名的岩石地层单位，已查阅创名文献原文；“**”者虽为外省区创名的岩石地层单位，亦经作者查对了原创名文献；“▲”为新建岩石地层单位；未标记号者为直接由创名省（区）提供清理成果者。

序号	岩石地层单位名称		编号	代号	地质时代	创名人	创建时间	所在省（区）	在本书页数
	英文	汉文							
21	Huanhe Fm	**环河组	64-0060	K*hh*	K_1	M L Fuller F G Clapp	1926	甘肃	98
22	Hulusitai Fm	*胡鲁斯台组	64-0017	∈*h*	$∈_2$	杜恒俭	1950	宁夏	20
23	Jingchuan Fm	*泾川组	64-0062	K*j*	K_1	张更、田在艺（中国科学院地质研究所）	1952 (1956)	甘肃	100
24	Kelimoli Fm	**克里摩里组	64-0024	O*k*	O_1	关士聪、车树政	1955	内蒙古	35
25	Langzuizi Fm	▲狼嘴子组	64-0037	∈*l*	$∈_3$	宁夏地质矿产勘察院	1991	宁夏	27
26	Laojunshan Fm	**老君山组	64-0020	D*l*	D_3	黄汲清	1945	甘肃	51
27	Lashizhong Fm	**拉什仲组	64-0026	O*l*	O_2	关士聪、车树政	1955	内蒙古	37
28	Liujiagou Fm	**刘家沟组	64-0041	T*l*	T_1	中国科学院山西地层队刘鸿允等	1959	山西	69
29	Liupanshan Gr	*六盘山群	64-0052	K*L*	K_1	袁复礼	1925	宁夏	91
30	Liwaxia Fm	*李洼峡组	64-0029	K*l*	K_1	石油部银川石油勘探局125队	1959	宁夏	94
31	Luohandong Fm	**罗汉洞组	64-0061	K*lhd*	K_1	张更、田在艺（中国科学院地质研究所）	1952 (1956)	甘肃	99
32	Luohe Fm	**洛河组	64-0059	K*lh*	K_1	M L Fuller F G Clapp	1926	甘肃	97
33	Madongshan Fm	*马东山组	64-0030	K*m*	K_1	石油部银川石油勘探局125队	1959	宁夏	94
34	Majiagou Fm	马家沟组	64-0012	O*m*	O_1	A W Grabau	1922	河北	29
35	Miaoshanhu Fm	*庙山湖组	64-0011	K*ms*	K_1	银川石油勘探指挥部108队（宁夏区调队）	1969 (1975)	宁夏	101
36	Miboshan Fm	*米钵山组	64-0013	O*mb*	O_{1-2}	宁夏区测队	1965	宁夏	31
37	Mopanjing Fm	▲磨盘井组	64-0038	∈*m*	$∈_3$	宁夏地质矿产勘察院	1991	宁夏	28
38	Naijiahe Fm	*乃家河组	64-0031	K*n*	K_1	石油部银川石油勘探局125队	1959	宁夏	95
39	Nanhuashan Fm	*南华山组	64-0005	Jx*n*	Jx	霍福臣、郑昭昌	1988	宁夏	7
40	Qianheishan Fm	**前黑山组	64-0043	C*q*	C_1	甘肃省地质局区测队	1976	内蒙古	56

序号	岩石地层单位名称		编号	代号	地质时代	创名人	创建时间	所在省（区）	在本书页数
	英 文	汉 文							
41	Qingshuiying Fm	* 清水营组	64-0002	Eq	E_3	杨钟健、周明镇	1956	宁 夏	107
42	Sanqiao Fm	** 三桥组	64-0027	Ks	K_1	石油部银川石油勘探局125队	1959	陕 西	92
43	Shangtian Fm	* 上田组	64-0051	Tŝ	T_3	西安地质学院区域地质调查队	1992	宁 夏	77
44	Shanxi Fm	山西组	64-0021	Pŝ	P_1	E Blackwelder	1907	山 西	65
45	Shihezi Fm	石盒子组	64-0022	Pŝh	P_{1-2}	E Norin	1922	山 西	66
46	Shiqianfeng Gr	石千峰群	64-0063	PTŜ	$P_2—T_1$	E Norin	1922	山 西	68
47	Shixiagou Fm	* 石峡沟组	64-0019	Dŝ	D_2	宁夏区测队	1975	宁 夏	50
48	Sikouzi Fm	* 寺口子组	64-0001	Es	E_2	袁复礼	1925	宁 夏	106
49	Sunjiagou Fm	** 孙家沟组	64-0040	Psj	P_2	中国科学院山西地层队刘鸿允等	1959	山 西	68
50	Taiyuan Fm	** 太原组	64-0046	CPt	$C_3—P_1$	翁文灏、A W Grabau	1922	山 西	62
51	Taosigou Fm	▲ 陶思沟组	64-0016	∈t	$∈_2$	宁夏地质矿产勘察院	1993	宁 夏	18
52	Tupo Fm	* 土坡组	64-0045	Ct	C_2	斯行健、李星学	1954	宁 夏	60
53	Wangquankou Fm	* 王全口组	64-0009	Qnw	Qn	宁夏区调队三分队	1978	宁 夏	11
54	Wufosi Fm	** 五佛寺组	64-0057	Tw	T_{1-2}	王德旭	1983	甘 肃	65
55	Wulalike Fm	** 乌拉力克组	64-0025	Ow	O_2	关士聪、车树政	1955	内蒙古	36
56	Xiangshan Gr	* 香山群	64-0047	∈X	$∈_3$	宁夏区测队	1965	宁 夏	24
57	Xihuashan Fm	* 西华山组	64-0007	Jxx	Jx	霍福臣、郑昭昌	1988	宁 夏	9
58	Xinji Fm	辛集组	64-0014	∈xj	$∈_1$	河南省地质研究所	1962	河 南	16
59	Xujiaquan Fm	▲ 徐家圈组	64-0036	∈x	$∈_3$	宁夏地质矿产勘察院	1991	宁 夏	25
60	Yan'an Fm	** 延安组	64-0033	Jy	J_2	M L Fuller、F G Clapp	1926	陕 西	85
61	Yanghugou Gr	** 羊虎沟群	64-0068	CPY	$C_3—P_1$	A W Grabau	1924	甘 肃	59

序号	岩石地层单位名称		编号	代号	地质时代	创名人	创建时间	所在省(区)	在本书页数
	英文	汉文							
62	Yijun Fm	*宜君组	64-0058	K*y*	K_1	M L Fuller F G Clapp	1926	陕西	97
63	Yinchuan Fm	*银川组	64-0023	O*y*	O_2	霍福臣、郑昭昌等	1989	宁夏	33
64	Yuanhe Fm	*园河组	64-0006	Jx*y*	Jx	霍福臣、郑昭昌	1988	宁夏	8
65	Zhaohuajing Fm	*照花井组	64-0048	S$\hat{z}$	S_{1-2}	宁夏区域地层表编写组	1980	宁夏	47
66	Zhengmuguan Fm	**正目观组	64-0010	Z$\hat{z}$	Z	西安地质矿产研究所	1978	内蒙古	12
67	Zhiluo Fm	直罗组	64-0034	J$\hat{z}$	J_2	李德生	1951	陕西	87
68	Zhushadong Fm	朱砂洞组	64-0015	∈$\hat{z}$	$\in_1$	冯景兰、张伯声	1952	河南	18

附录Ⅲ　宁夏回族自治区不采用的岩石地层单位名称表

附录Ⅲ-1

序号	地层单位名称		编号	地质时代	创名人	创建时间	所在省	不采用的理由
	英　文	汉　文						
1	Bojizhang Fm	簸箕掌组	64-1005	Jx	阎志强	1992	宁　夏	延伸范围小，现为园河组上部的一个岩性段
2	Caojiashan Fm	曹家山组	64-1010	Z	阎志强	1992	宁　夏	层序确定有误，实为老君山组或石峡沟组下部地层
3	Dananchi Fm	大南池组	64-1017	O_1	宁夏地质矿产局	1990	宁　夏	建组晚，现为马家沟组下部
4	Danliangshan Fm	单梁山组	64-1028	C_2	宁夏计委地质局区域地质调查队	1976	宁　夏	建组晚，现为土坡组中、上部
5	Dundunliang Fm	墩墩梁组	64-1009	Z	阎志强	1992	宁　夏	同曹家山组
6	Getanggou Fm	鸽堂沟组	64-1026	O_1	陈景智、杜德民	1990	宁　夏	建组晚，现为马家沟组下部
7	Hejiakouzi Fm	贺家口子组	64-1031	N_1	宁夏地矿局	1990	宁　夏	年代地层单位含义，相当现清水营组上部
8	Helanshan Series	贺兰山系	64-1013	Sn	中国科学院地质研究所	1956	宁　夏	内部存在平行不整合，解体为黄旗口组、王全口组
9	Liugoumen Fm	柳沟门组	64-1035	K_1	银川石油勘探指挥部108队	1969	宁　夏	含义窄已并入庙山湖组
10	Longshan Series	陇山系	64-1036	Pz	谢家荣	1924	宁　夏	含义不明确，创名后长期未采用，现为六盘山群中上部
11	Luanduizi Fm	乱堆子组	64-1003	Jx	阎志强	1992	宁　夏	延伸范围小，现为园河组下部
12	Machang Fm	马场组	64-1006	Jx	阎志强	1992	宁　夏	延伸范围小，现为西华山组下部
13	Mawanshan Fm	马万山组	64-1002	Ch	阎志强	1992	宁　夏	延伸范围小，现为南华山组上部
14	Minjiagou Series	闵家沟系	64-1012	Z	关士聪等	1958	宁　夏	含义不明，创名地出露者大体相当黄旗口组中、上部
15	Qianzhongliangzi Fm	前中梁子组	64-1019	O_1	郑昭昌	1989	宁　夏	年代地层单位含义，创名地相当马家沟组中下部

序号	地层单位名称		编号	地质时代	创名人	创建时间	所在省	不采用的理由
	英　文	汉　文						
16	Qingshan Fm	青山组	64-1023	O_1	杜德民	1985	宁　夏	年代地层单位含义，创名地相当米钵山组下部
17	Quanergou Fm	泉儿沟组	64-1008	Jx	阎志强	1992	宁　夏	延伸范围小，现为西华山组上部
18	Shabatai Fm	沙巴台组	64-1025	P_2	西安地质学院区域地质调查队	1992	宁夏	建组晚，现属孙家沟组
19	Shanzigou Fm	山字沟组	64-1022	O_2	安太庠、郑昭昌	1990	宁　夏	年代地层单位含义，创名地属米钵山组中部
20	Shimogou Fm	石磨沟组	64-1029	C_2	宁夏计委地质局区域地质调查队	1976	宁　夏	建组晚，现属马家沟组中、上部
21	Tiandushan Fm	天都山组	64-1007	Jx	阎志强	1992	宁　夏	延伸范围小，现属西华山组中部
22	Tianjingshan Fm	天景山组	64-1015	O_1	西北地质局宁夏综合地质大队	1965	宁　夏	建组晚，现属马家沟组中、上部
23	Tongxin Fm	同心组	64-1032	S_{1-2}	安太庠、郑昭昌	1990	宁　夏	为旱峡组的一部分
24	Weizhou Fm	韦州组	64-1027	O_1	安太庠	1990	宁　夏	年代地层单位含义，创名地为马家沟组下部
25	Wenchangshan Gr	文常山群	64-1011	Z	阎志强	1992	宁　夏	同曹家山组、墩墩梁组
26	Wuqiaogou Fm	五桥沟组	64-1004	Jx	阎志强	1992	宁　夏	延伸范围小，现为园河组中部
27	Xialingnangou Fm	下岭南沟组	64-1018	O_1	安太庠、郑昭昌	1990	宁　夏	年代地层单位含义，在创名地相当马家沟组下部
28	Xiamaguan Fm	下马关组	64-1016	O_2	霍福臣等	1989	宁　夏	年代地层单位含义，在创名地相当克里摩里组
29	Xiatian Fm	下田组	64-1033	T_3	西安地质学院区域地质调查队	1992	宁　夏	含义窄，已并入大风沟组上部
30	Yangwagou Fm	阳洼沟组	64-1001	Ch	阎志强	1992	宁　夏	延伸范围小，现为南华山组下部
31	Yinchuan Fm	银川组	64-1014	Qp_1	宁夏地质矿产局（张国典）	1990	宁　夏	建组晚，与建组较早的奥陶纪银川组重名

序号	地层单位名称		编号	地质时代	创名人	创建时间	所在省	不采用的理由
	英 文	汉 文						
32	Yingtaogou Fm	樱桃沟组	64-1021	O_2	郑昭昌	1980	宁 夏	年代地层单位含义，创名地相当米钵山组下部
33	Zhigou Fm	直沟组	64-1024	T_3	西安地质学院区域地质调查队	1992	宁 夏	含义窄，现已并入大风沟组下部
34	Zhongliangzi Fm	中梁子组	64-1020	O_1	郑昭昌	1980	宁 夏	年代地层单位含义，创名地属马家沟组上部
35	Zhongtian Fm	中田组	64-1034	T_3	西安地质学院区域地质调查队	1992	宁夏	含义窄，已并入上田组下部
36	Zhongwei Fm	中卫组	64-1030	C_1	刘志才	1983	宁 夏	生物地层单位含义，创名地属土坡组底部

宁夏地区除表中所列的在宁夏创名的不采用地层名称外，尚有下列在省（区）外创名的地层名称也不再在本区使用。有：罗圈组（Zl）、南山系（S—D）、毛庄组（$\in_1$）、徐庄组（$\in_2$）、张夏组（$\in_2$）、崮山组（$\in_3$）、长山组（$\in_3$）、凤山组（$\in_3$）、三道坎组（O_1）、桌子山组（O_1）、麻川组（O_1）、水泉岭组（O_1）、三道沟组（O_1）、平凉组（O_2）、泉脑沟山组（群）（S_2）、沙流水组（D_3）、靖远组（C_2）、红土洼组（C_2）、卡布其煤系（CP）、卡布其层（C）、棋盘井层（P）、本溪组（C_2）、白云乌素统（P）、下石盒子组（P_1）、上石盒子组（P_2）、俄博系（CP）、纸坊组（群）（T_2）、铜川组（T_2）、芬芳河组（J_3）、滴沥帮乌素层（P_2—T）、延长群（T_3）、垣曲系等。

这一批地层名称大多为创名省（区）列为不采用地层名称，部分虽在外省（区）采用，但区内已不适合使用。

附录Ⅳ　与地层有关的地名同音、谐音字

呼鲁斯台	胡鲁斯台	胡鲁斯太	葫芦司太
苏峪口	宿峪口		
陶思沟	陶苏沟	陶寺沟	
五道塘	五道淌		
天景山	天井山		
米钵山	米巴山		
缺台沟	雀台沟	缺德沟	
拉什仲	拉西宗		
胡记台	胡记太	胡基台	
照花井	赵花井		
阿不切亥	哈布其盖		
校育川	校尉川		
马东山	马都山		
寺口子	石沟子		
正目观	镇木关		
马固井	马光井		
烟筒山	烟洞山	烟突山	
羊虎沟	羊虎口	羊埠口	
白寺口	百寺口	拜寺口	